食料主権

日本消費者連盟 編

緑风出版

まえがき

二〇〇四年は国連の定めた、国際コメ年でした。

コメは世界の半分以上の人々の主食であり、しかも、世界の九一％近くのイネがアジアで生産され、九二％がアジアで消費されているといいます。ＩＲＲＩ（国際イネ研究所）がフィリピンに設置されたのもそのためであり、世界最大の主食ともいえるコメの増産によって、アジアの食料不足を解消するためだと称して緑の革命が押し進められたのもそのためです。しかし、緑の革命は営々とイネを作り続けてきた零細農民から種子や肥料などを求める資金を奪い、土地を奪い、コメを作る権利を奪い取る結果となりました。

このイネの品種開発と多国籍企業が開発した高収量品種の種子を売り付けるために、一九六六年にも国連の国際コメ年は設定されていました。それでは、〇四年の国際コメ年は何の目的のためだったのでしょうか。それは、今度は遺伝子組み換えイネを売り込むためであることを、アジアの農民・消費者・市民と共にいる研究者たちは見抜いていました。

国際コメ年行事の一つとして、日本では〇四年一一月四日〜七日、農水省主催、IRRI共催の世界イネ研究会議がつくば市で開催されましたが、これに対抗して一一月二日〜五日に、インド、インドネシア、マレーシア、韓国の農民・消費者・団体代表等が集まって、「国際コメ年NGO行動」を東京やつくばで展開しました。

この本は、この「国際コメ年NGO行動」が議論し、行動し、訴えかけた問題をまとめたものですが、大半が新しく書き下ろしたものです。議論の中心課題となった「食料主権」、世界の農民・消費者運動がWTO（世界貿易機関）やFTA（自由貿易協定）、多国籍企業などに対抗するために掲げ追求しようとしているこの「食料主権」とは何かを真正面から取り上げ、読者の皆様に披瀝したものとなりました。

第一章　食料主権とは何か？　では、世界の食料情勢とグローバリゼーションのなか、食料主権がいまや国の主権ではなく、人々が安心して生きるための権利、生存権としてこの言葉を定義していこうとする考え方を対談の形で提起しています。

第二章　食料主権を奪う遺伝子組み換え（GM）イネは、緑の革命から遺伝子組み換えイネへとアジア各国で起きた農業破壊の現状を各国代表が訴えています。

第三章　討論・食料主権には、一一月三日に開かれた「徹底討論・食料主権」シンポジウムにおける、インド（二人）、インドネシア、マレーシア、韓国、日本（二人）の各国情勢を踏まえたそれぞれの食料主権の発言をまとめました。

第四章　食料主権への闘いは、佐賀県唐津市で農業を営む作家、山下惣一さんの地域で実践する食料主権の話や、地域バイオマスの資源化による循環型地域つくり、大豆畑トラスト運動、水田トラスト運動、ＧＭＯフリーゾーン運動の生き生きとした活動の紹介です。

いきなり、食料主権と言う言葉になじめないときは、第四章の実践活動の話から読み進められるのも一案ではないかと思います。そうして食料主権に関心を持たれ、一人でも多くの方々にお読み頂きたいと願っております。同時に、世界の食糧のこれからをご一緒に考えていきたいと心から念願いたしております

二〇〇五年九月一日

日本消費者連盟事務局長　水原博子

目　次　食料主権

第3章　討論・食料主権　101

第4章 食料主権への闘い

第1章　食料主権とは何か？

天笠啓祐・大野和興

WTOとは何か?

天笠　「食料主権」という言葉がやっと定着し始めました。アジアの農民運動や市民運動の中でも、この言葉がWTO（世界貿易機関）やFTA（自由貿易協定）、多国籍企業などに対抗するシンボルとなってきました。

そこには農民のつくる権利、国や地域で自給する権利、食文化や農業の多様性を守る権利など、さまざまな側面があると思います。半面、食料主権という言葉には、国家の論理というものが入ってくるため、いくらか問題点を感じてしまうのも事実です。それについては後で議論したいと思います。

食料主権、あるいは食の主権が、これがなぜ問題になってきたかというと、WTOやFTAなどが、その権利を押しつぶしてきたからです。この権利には、つくる権利だけでなく、選ぶ権利、知る権利、安全に食べる権利など幅広いものが含まれていると思います。そのすべてで権利を奪っているWTOとは何か、FTAとは何か、といった点から話しをスタートさせたいと思います。まずWTOについてお話しいただければと思います。

大野　WTOが進めているグローバリゼーションがどういうものであり、何をもたらしているかについてから、話しはじめたいと思います。

グローバリゼーションとは、あらゆるものに値札をつけて、世界中あらゆるところで流通させることです。その際、値段をつけてはいけないもの、すなわち商品にしてはいけないものまで、値段をつけてしまった、また値段をつけなくては生き残れなくなってしまいました。それが自然であり、生命であり、人権であったりするわけです。自然の中には、農業の基本である土とか水なども含まれます。それを、商品化することで自然の収奪や人権の侵害などが起きています。

その結果なにが起きたかというと、ひとつは貧困の拡大です。自由な市場で競争することは、必然的に勝ち組と負け組をつくります。勝者はもともとお金や権力をもっているごく少数の人たちです。負け組はさらに貧しくなり、環境破壊が進み生存権も奪われ、そこから絶望が生まれ、憎悪が生まれ、テロリズムが生まれます。そのテロリズムを叩く勝ち組の武力攻撃が世界

WTO（世界貿易機関）：一九九四年、モロッコのマラケシュで開かれたGATTウルグアイラウンド（新多角的貿易交渉）の閣僚会議で正式に設立が決まり、一九九五年に世界の貿易の促進と自由化を図る国際機関として発足した。本部はジュネーブにおかれ、立法・司法・行政の三権をもつ強力な国際機関として設立されたことから、国内法への介入が起き、弱肉強食の論理がまかり通るようになった。

FTA（自由貿易協定）：WTOによる多国間の貿易協定がなかなか進まないことから、手っ取り早く二国間または特定の地域間で、関税障壁を取り払うなど自由化を促進するために結ばれる貿易協定。日本も、シンガポール・メキシコとの間で協定が発効し、フィリピン・マレーシア・タイの間で合意している（二〇〇五年七月現在）。各国がバラバラに結ぶため、世界の貿易で国際的な枠組みを逸脱した、無秩序な状況が現出しつつある。

中で頻発します。経済のグローバリゼーションは、軍事のグローバリゼーションと表裏一体で進んでいます。

そのなかでWTOがどんな役割を果たしているか、また農や食で何が起きているのかについて、話を進めていきたいと思います。WTOとは、グローバリゼーションをすすめるさいの、もっとも有力な国際機関だといえます。もともとグローバリゼーションを進めている組織としては、モンサント社のような多国籍企業、先進国とくに米国、そして国際機関があります。この三者が肩を組んで世界権力といえるものを形成しています。その国際機関としては、WTO、IMF（国際通貨基金）とか世界銀行などがあります。これらの国際機関の中でもっとも中心的な役割を担っているのがWTOです。

WTOは、貿易の促進と自由化を目的にした国際組織で、自由貿易に違反した場合に制裁権をもつ、国際機関の中でもっとも強い国際機関としてつくられました。その前身のGATT（関税および貿易に関する一般協定）が改組されて、より強い権限をもつ機関として、一九九五年一月に設立されました。

そしていま、WTOを軸に自由貿易体制を地球規模に拡大するための多角的貿易交渉（ラウンド）が進められています。その焦点のひとつが農産物です。本来ならば、すでにまとめの段階に入っていなければいけないはずですが、それがのびのびになっています。国同士の利害が入り組み、特に先進国と途上国との間の利害が調節できないまま、ずるずるきているというのが現状です。

二〇〇五年一二月に第五回ＷＴＯ閣僚会議が香港で開かれます。そこで目途をつけることになっていますが、まだ確実な見通しは立っていません。二〇〇三年にメキシコのカンクンで開かれた第四回閣僚会議で目途がつくはずでした。ところが途上国の反対が強く、農民や市民による抗議によって、まとまりませんでした。

ＩＭＦ（国際通貨基金）：一九四四年のブレトンウッズ協定によって定められ、四六年に本部を米国ワシントンＤＣに置き設立された、国際的な通過・金融にかかわる機関。加盟国の出資で共通基金をつくり、為替の資金繰りの円滑化を図る目的で設立された。その後、途上国の融資が主要な活動になるとともに、貧困と環境破壊の原因をつくり、同時に途上国の政治や経済に深く介入するようになった。

世界銀行：一九四四年のブレトンウッズ協定によって、ＩＭＦの姉妹機関として設立された。主に途上国への融資を行っており、国際復興開発銀行（ＩＢＲＤ、これだけを世界銀行ということもある）、国際金融公社（ＩＦＣ、通称、第三世銀）、国際開発協会（ＩＤＡ、通称、第二世銀）を総称したもの。それに国際投資紛争調停機関、多国間投資保証機関を加えて、世界銀行グループという。ＩＭＦとともに、途上国の貧困と環境破壊の原因をつくり、途上国の政治や経済を動かしている。

ＧＡＴＴ（関税および貿易に関する一般協定）：一九四四年のブレトンウッズ協定を受けて、ＩＭＦ、世界銀行とともに第二次大戦後の国際経済体制を支える柱として、一九四八年に発足、貿易に関する国際ルールを定め、促進を図ってきた。八度に及ぶ多角的貿易交渉を行い、貿易措置の削減や貿易の無差別待遇を原則に、国際的な貿易の枠組みをつくってきた。ウルグアイラウンドの際に、より強い権力を持った国際組織としてＷＴＯを設立させた。

途上国がなぜ反対したかというと、GATTのウルグアイラウンドの際に、自由化によって農産物の市場が拡大すれば、途上国が輸出する農産品の市場も拡大し、途上国は利益を得るよ、といわれたのに、現実は反対だったからです。逆に、米国やEUの補助金つきの農産物が大量に世界を流通して、途上国の農業が疲弊に追い込まれていきました。

FTAとは何か？

天笠　WTO（世界貿易機関）は、前身のGATTが改組されて、さらに貿易の促進と自由化を進めるためにつくられ、しかも制裁権をもつ強力な国際機関としてつくられたということですが、米国や多国籍企業などから見ると、思ったように機能してくれないこともあって、現実路線として、基本的に二カ国間で貿易の自由化と促進を決めていく、FTA（自由貿易協定）の方にシフトを変えているように思います。

次にFTAとはどんなもので、どんな問題点をもっているのかについてお話しいただければと思います。

大野　カンクンで開かれた第四回閣僚会議が失敗したあと、FTAが急速に浮上してきました。アジアでも一斉にFTA交渉の網の目が広がり始めました。WTOではうまくいかないため、その代替策として広がったといえます。日本はそれまではどちらかというと二国間協議に対して消極的でしたが、一転推進に変わりました。

問題は、ＦＴＡの方がＷＴＯよりも、もっと質が悪いということです。ＷＴＯの場合、百数十カ国が集まり議論し、そこにはＮＧＯ（非政府組織）も加わっているため、交渉の過程がオープンになります。それに対してＦＴＡは、基本的に二カ国による外交交渉であり結果が出るまで分かりません。秘密性があります。

天笠啓祐

ＷＴＯの場合、途上国同士で集まり、自分たちの主張をいうことができますが、二カ国間の場合、日本とタイ、日本とフィリピンのような先進国と途上国の間で行われた場合、強者と弱者の関係がはっきり出て、まともな交渉にならないのです。非対等性があります。

さらに二国間で条件をつめていきますから、他の国とは違った条件でないといけないわけです。排他性と差別性がＦＴＡにはつきものです。

このように秘密性・非対等性・排他性・差別性をもった協定が、あちこちの国やASEAN（東南アジア諸国連合）のような地域内あるいは地域間で結ばれるのです。世界の国々がさまざまな国・地域と協定を結び、それが網の目のようにひろがるのです。その結果、何が起きるかは予測もつきません。

ASEANと日・中・韓が東アジア共同体を作ろうという声が各国で出ています。米国と対抗する軸として、ヨーロッパにはEUがありますが、アジアにはありません。アジアで集まって米国に対抗しようという意味があることから、この構想を支持する人は意外と多く、マスコミも持ち上げています。

しかし、戦争責任を放置したまま経済が肥大し、いまや軍事大国を志向している日本、急速に経済大国化して覇権主義を強めている中国、人々の多様性や人権を認め合うことでいまだ途上にあるアジアで、上からの統合という形で東アジア共同体が進むと、それは人々に対する抑圧装置になりかねないと思います。

この先、どのような経済社会ができるのか、誰も予測がつかないのです。的確な予測をしてくれる経済学者は誰もいません。

天笠　無秩序で、無政府主義的な状況が現出しつつあるということですね。

大野　ある本によると、いまの社会はアナルコ・キャピタリズムというんだそうです。無政府資本主義ということになります。

かぎを握る中国の位置

天笠　お金儲けに成功すれば勝ち組になり、貧しくなれば負け組といわれる時代です。ものを作らない人たちがマネーゲームで金儲けを狙い、無政府的な競争を進めている。それとともに、ものを作る人たちが蔑《さげす》まれる。農業でも、実際に農作物を作る農家が軽視され、ものを動かしたりお金を動かすだけの多国籍企業がのさばっています。

この無政府的な競争が、世界中で繰り広げられているということだと思いますが、二〇〇四年にカナダにいった際、カナダの農民から、ＮＡＦＴＡ（北米自由貿易協定）によって遺伝子組み換え作物が広がったり、価格が下がったりして、ひどい目にあっているという声を聞きました。それだけではなく、カナダ自体が米国の従属国化し、カナダ・ドルが暴落するなど、ひど

ＡＳＥＡＮ（東南アジア諸国連合）：一九六七年八月、タイ・バンコクにおいて東南アジア五カ国によって設立された地域協力組織で、設立条約はなく、宣言によってスタートした。一九九九年にカンボジアが加わり東南アジア全域（一〇カ国）となった。一九九二年一月に開かれた第四回ＡＳＥＡＮ首脳会議で、ＡＳＥＡＮ自由貿易地域（ＡＦＴＡ）を確立するシンガポール宣言が採択された。

ＮＡＦＴＡ（北米自由貿易協定）：米国・カナダ・メキシコの北米三カ国による自由貿易協定。一九九二年に合意し、九四年一月に発効した。多岐にわたる分野で貿易の自由化をもたらした結果、カナダ、メキシコ両国では国内経済が圧迫され、主権が制約されるなど多くの矛盾が噴出、批判が強まっている。米国は、さらに南北アメリカ全域に拡大する方針である。

い目にあっているということを、さんざん聞かされました。

大野　アジアでも同じことが起きると思います。台風の目は中国です。中国の農産物がアジア中に広がっています。リンゴ、野菜などで……フィリピンにまで中国の野菜が入っていて、ルソン島の野菜生産地が打撃を受けています。自由貿易の中ではモノは安いところから高いところに移動します。フィリピンだって相当に労賃は安いはずです。それを上回って中国の方が安いわけです。その中国はどうかというと、大豆など基本食料はすでに輸入国に転じていて、米国などから入ってくるわけです。

ＦＴＡ（自由貿易協定）では、例外なしに関税をゼロにしていくことになっています。そうしますと、アジアの中の農と食は、大混乱に陥ります。

天笠　いま遺伝子組み換え大豆が中国にドーッと流れ込んでいます。中国は世界最大の大豆の輸入国で、年間二〇〇〇万トン程度輸入しています。日本は五〇〇万トン程度ですから、約四倍という大量の輸入量になりました。その大豆は、米国と南米の国々から入ってくるわけです。その大豆の種子は大半がモンサント社のものですから、モンサント社の遺伝子組み換え大豆が中国に入っていくことになります。

ＦＴＡに絡んで、南米でこういう事態が進行しています。二〇〇四年から遺伝子組み換え大豆の栽培国となったのがパラグアイとウルグアイです。アルゼンチンは米国に次ぐ遺伝子組み換え作物の栽培国であり、ブラジルも二〇〇三年から栽培国入りしました。この四カ国が、全アメリカ大陸自由貿易協定に、南米で最初に名乗りを上げた国です。米国・カナダ・メキシコの北米三カ国に加えて、中南米も加わり、将来的には三〇カ国を超える形になります。全アメリカ大陸自由貿易協定にもっとも積極的だった国に対して、自由貿易協定を先取りする形で、米国は従属国化を進め、その強力な食料戦略の下でモンサント社が遺伝子組み換え大豆の種子を売り込んでいったといえます。

その大豆が中国に入っているわけです。そういう意味では、中国も米国の食料戦略の枠の中にいるわけです。

大野　遺伝子組み換えイネについてはどうでしょうか？

天笠　遺伝子組み換えイネもまた、中国が商業栽培一番国となりそうです。いずれも中国が独自に開発したもので、現在準備しているイネには三種類あります。害虫が食べると死ぬように仕組んだ殺虫性イネ、ニカメイガ（メイガ科の蛾で、幼虫が茎の中に食い入って枯らす）の幼虫の成長抑制効果があるＣＰＴＩ（ササゲ・トリプシン・インヒビター遺伝子導入）イネ、白葉枯病のような細菌性の病気に抵抗性のあるＸａ21イネです。その中で、殺虫性イネが違法な形で過去二年にわたり湖北省で栽培されていることが判明しました。

これらのイネの基本特許はモンサント社が押さえているため、どこが儲かるかというと、やはりモンサント社なんです。

米『エコノミスト』誌によると、「もし中国で栽培が承認されると、モンサント社やシンジェンタ社も動きやすくなり、遺伝子組み換えイネの売り込みが活発になり、インドやタイなどでも栽培が広がり、アジア中に広がる起爆剤の役割を果たしそうだ」と述べています。

すでに種子が流失して、一般圃場で栽培された経緯が明るみに出ましたが、この場合は、違反行為で、取締の対象になります。問題は、合法化されたときですが、いま遺伝子組み換えイネの栽培の抑止力になっているのは、市民の力ですが、中国のような一党独裁国家で反対運動を許さない国では、栽培をすすめるのは容易です。

大野　かつて中国のF1品種が、ベトナムやラオスなどに多収量品種ということで売り込まれていったのですが、それと同じようなことが起きそうですね。

タイでいま何が起きているか?

大野　いまアジアで何が起きているかといいますと、すでにASEAN一〇カ国の内六カ国は、ASEAN自由貿易協定地域をつくって、関税の規制を行っています。タイは中国やオーストラリアとFTAを結び、米国とも交渉中です。ASEANは韓国や中国と交渉をはじめています。日本もASEANとの交渉を二〇〇六年あたりからはじめる予定です。インドなど南アジアとの経済連携も始まっています。

日本は、すでにシンガポールと経済連携協定を結び、韓国と交渉中です。フィリピン、タイ、マレーシアは合意し、その次はインドネシアと見られています。東南アジア、東北アジア、南アジアを巻き込む、無秩序ともいえる市場戦争が始まっています。その中で農業ではいったい何が起きているかといいますと、タイで起きていることをご紹介したいと思います。中国との間でFTAを結んだ結果、メコン川に沿って中国からドッと物資が流れ込むようになりました。そこには野菜も果物もあります。タイの農家は、むしろ自分たちの方が中国に熱帯果実を売れると思ったのです。ところが現実は逆で、中国から入ってくるものですから、野菜や果物の生産がダメージを受けたのです。

大野和興

オーストラリアとの間でFTAを結んだ結果、今度は酪農がダメージを受けました。もともと熱帯地域は酪農が成り立ち難いのですが、苦労してタイでも酪農ができるようになってきました。これからという段階で、オーストラリアから安い乳製品がドッと入ってきたのです。

ＡＳＥＡＮ地域内で見ても、フィリピンから安いココナツが大量に入ってきたため、タイのココナツ価格が半額になり、ココナツ生産農家がダメージを受けました。

このようにタイでは、農民に深刻な影響が出てますが、これは各国で起きていることであって、農民の間の利害対立があちこちでさまざまな形で起き始めています。これに対して、アジアの農民運動はまったく対応できない状態です。これにさらに東アジアが加われば、さらに複雑な利害関係が生じて、食料主権などどこかに吹っ飛んじゃいます。

日本の農業で何が起きているか？

天笠　ＷＴＯやＦＴＡに翻弄《ほんろう》されているアジアの農業の実態がありますが、このような状況の中でいま、日本の農業はどうなっているのか。次にその点についてお話しいただければと思います。

大野　それを見ていくには、コメが一番分かりやすいと思います。二〇〇四年秋、新米が出たときに、各地の知り合いの農家に電話して、農協への出し値、生産者手取り米価がいくらか聞きました。六〇キログラム・玄米での価格で、千葉のコシヒカリが一万一〇〇〇～一万二〇〇〇円、山形のヒトメボレが一万二〇〇〇円、コシヒカリが一万二五〇〇円、福島郡山あたりの米作地帯も同じ水準でした。新潟上越のコシヒカリが一万四〇〇〇～一万五〇〇〇円で、全体で大きく下がりました。

二〇〇四年は、最初は平年並みといわれていたのですが、台風がやってきてやや不作に転じました。二〇〇三年は不作で一時米価が上がりかけましたが、政府が在庫米を全部はきだしたため逆に下がってしまいました。二年連続の不作にもかかわらず米価は下がりつづけています。

米価の制度はどうかといいますと、GATTウルグアイラウンドの中でミニマムアクセス（最低輸入義務）米を導入し、部分自由化した時点で食管制度が機能しなくなり、さらにWTO体制下で徐々に自由経済に移行し、いまやほぼ市場経済化しました。市場経済の下では、不足すれば値段は上がるはずなのに、逆に下がっています。生産者手取りはこの一〇年で一俵（六〇キログラム・玄米）で一万円下がり、地域・銘柄によっては半値になっています。

そのことが何を引き起こしているかというと、土地の投げ売りです。山形県のある町で聞いた話ですが、国際競争力をつけグローバル化の中で生き残ろうと、借金して規模を拡大した大型農家が、持ちこたえられなくなって土地を売り始めたということです。これは山形だけの話ではありません。農民同士の土地の売買の場合、反（一〇アール）の単位です。それがいまはヘクタール（一〇〇アール）の単位で売買されています。それだけ広い土地を売りに出すのは大型農家です。

新潟県で、みんなが集まって経営規模三〇ヘクタールほどの農事組合法人をつくっている友人がいるので聞いてみますと、約二億円の借金だといってました。九〇年代初めに、国際競争に勝てる農業ということで規模を拡大しました。当時、生産者米価は二万〜二万五〇〇〇円の時代です。安くなっても一万八〇〇〇円程度だろうと、当人も思い、農協もそう踏んで貸しました。ところが、いまや一万二〇〇〇円ですから返済どころではなくなってしまいました。こうして借金が返せなくなって、投げ売りとなったのです。大型農家が崩壊する過程に入ったといえますし、自殺者が増えるのではないかと懸念されています。

資本による農業支配が進むとどうなる？

大野　これからどうなるかというと、一九九九年に農業基本法が改正されて、食料・農業・農村基本法が誕生しました。そして食料・農業・農村基本計画が出され、農政の衣替えが始まりました。小泉政権による構造改革によって農業特区がつくられ、その中で農地レンタル方式が取り入れられました。これは、公的機関が仲介して企業に自由に農地を貸す制度です。いまは農地法によって、農地は農民しか買えません。そのためレンタルで、農地の流通を自由化しようというのが狙いです。ここ数年の内に農地法が全面的に改正され、農地市場の全面的な自由化が進むでしょう。いまそれが特区という形で準備されているのです。

その次にくるのは何かというと、資本による農業支配です。いまも農外資本の農業参入が急速に増えています。とくに公共事業が少なくなっている土建産業が入ってきています。食品産業、外食産業も入っています。個別にみると面白いことを行っているところもありますが、農業を担う主体が農民ではなく、資本になって行く道筋が次第にはっきりしてきました。これがグローバル化、ＷＴＯ体制下で日本の農業に起きていることではないかと思います。

天笠　土地代も下がっているため、いくら土地を売っても借金すら返せないのでは。

大野　一～二ヘクタールという大きな土地が売りに出されていますが、いわれるように農地価格も下がっています。一〇年前、山形県南部あたりで通常の水田価格は一反二〇〇～二五〇万円程度でした。ところがいまは一〇〇～一五〇万円程度ですから、それを売っても借金も返せません。お金を貸している農協も共倒れになりかねません。

買う方からすると、一反一〇〇万円だとしても、一ヘクタール一〇〇〇万円ですから、農民で買える人はいません。農外資本になってしまうのです。こうして農地の資本への集中が急速に進むと見られています。いま土建資本などで農業に進出している企業の経営計画を見ると、三年で一〇〇ヘクタールにするといっているのです。

天笠　資本の論理ですと、当面農業は行うかもしれませんが、もうからなくなったら他に転用しますよね。

大野　その可能性が強いのです。何年か前のことですが、新潟県上越市のある町で、二つの畜産会社が事業に失敗して撤退しました。そのうち一社の方が、借りていた草地の肥えた表土をブルドーザーで掻き取って売ってしまったのです。土は高く売れますからね。その後で、産廃業者がコンクリート廃材を捨てていった。これは最悪のケースかもしれませんが、これからこういうことがどんどん起きてきます。

農業生産というのは、気候条件や虫・病気の発生、市場変動など一定のリスクをともないます。家族農業はそのリスクを背負ってやってきた。一〇〇～二〇〇ヘクタールといった大きな規模で農業を行いますと、自己資本ではできませんから、銀行から借ります。失敗して借金がコゲつくとその土地は銀行のものになります。あるいはマチキンに取られて暴力団の支配下に入ることだって考えられます。

天笠　そうなると最悪ですね。無政府主義的な動きがこんなところにまで及ぶかと思うと、ゾッとしますね。

ＢＳＥ問題から見えてきたこと

天笠　これまではＷＴＯやＦＴＡがどんなもので、どのように食の主権が奪われてきたかについてみてきました。次に、もっと具体的なテーマで見ていきたいと思います。

米国や多国籍企業がいかに食の主権を奪っているか、典型的な例が今回の牛肉輸入再開問題ではないかと思います。米国産牛にＢＳＥが発生して牛肉の輸入が停止になって以降、米国から凄まじい政治的圧力を受け、食の安全の問題はどこかに飛ばされてしまいました。

二〇〇五年五月六日には、ついに食品安全委員会が全頭検査見直しを正式に決定し、米国産牛肉の輸入再開のための布石をつくってしまいました。米国圧力の下では、食の主権がないことは以前から分かっているものの、こうも露骨に迫られると、言葉も出なくなります。今回のケースは、以前、牛肉の自由化を迫られたときを彷彿《ほうふつ》とさせるものがありますが、その時と比較してどうでしょうか。

大野　米国では牛肉は主食のようなものですから、食肉資本には大変な政治力があります。しかもブッシュ大統領も、そこを基盤にしています。その政治力にまかせて日本に輸入再開をがむしゃらに迫ってきているのが、今回のケースですが、以前、牛肉自由化攻勢のときも同じパターンでした。政治的圧力に屈して、米国産牛肉がドーッと入ってきた際には、日本の酪農の中でまず雄子牛が売れなくなりました。日本の牛肉市場では、ホルスタインの雄子牛を去勢して肥育した肉が中級肉として市場で相当のシェアを確保していました。酪農家は雄子牛を販売することで乳価の安さをカバーして、酪農経営を成り立たせていました。それがだめになって強いダメージを受けました。

酪農経営は、ますます効率一辺倒になり、本来草食の牛に、病気で死んだ牛の蛋白やカルシウムを混ぜた餌を食べさせるようになりました。それがBSE発生の背景です。

天笠　牛肉は、一九八〇年代までは結構、自給率が高かったですよね。

大野　黒牛だけですとわずかでしたが、いま述べたホルスタインの雄子牛や乳が余り出なくなった廃用牛などの大きな供給源がありまして、全部とはいえないまでも、結構供給できていたのです。それが米国産牛肉の流入で売れなくなった。

天笠　九〇年代以降、スーパーの店頭に安い米国産牛肉がズラッと並び始めたのは、政治力以外の何ものでもないということだと思いますが、今回の問題で、マスコミの報道も問題だったと思います。なぜあれほどまで、吉野屋の牛丼を取り上げなくてはいけないのか分かりません。

大野　米国産牛が入らなくて困っているのは、吉野屋しかいないんです。日本では他に誰もいないんです。あとはブッシュです。

天笠　もともと食品安全委員会というのは、ＢＳＥ問題がきっかけでつくられた組織なはずです。消費者の間で食の問題で不信がつのったために、食品の安全性を、他から影響受けずに客観的に評価する機関としてつくられたはずなのです。ところが実際は、科学的でも客観的でもなく、政治が優先されることが、誰の目にも明らかになった点が、今回の事件の特徴ではないかと思います。

ＦＴＡが広がると、政治的に強いところが弱いところに対して、何でもごり押しして、無理を通してしまう構造が広がっていくことが、この牛肉問題から見えてきます。その結果、食の安全性もどこかに吹っ飛んでしまいます。

牛丼用など、安い牛肉は米国産でないとだめなんですね。オーストラリア産は一頭丸ごと購入しなければなりません。米国産は部位ごとに購入できるため、横隔膜など使い物にならない屑肉が余ります。その屑肉をかき集めて、接着剤（重合リン酸塩など）を用いてくっつけ、圧力をかけて固めます。ただそれだけですと極めて硬い肉になるため、たんぱく質分解酵素をかけて軟らかくしています。牛肉とはとてもいえない代物ですし、当然危険部位に近いところも入ってきます。

大野　英国でBSEから感染した人には、下層階級の人が多いのです。同じような接着剤で固めた成型肉を食べていたからなんですね。八〇年代に英国に留学していた日本人の学生たちも、お金がありませんから結構食べていたのではないかと思います。

いずれにしろ、この米国産牛肉の問題は、食の主権が公然と侵害された事件だといえますね。

遺伝子組み換え作物と種子問題

天笠　次に、遺伝子組み換え（GM）作物の問題に移りたいと思います。この問題で、食の主権がもっともかかわってくる問題に、種子支配があります。種子が多国籍企業によって握られ、農民が自分たちの農業ができなくなり、ときには、農地を奪われる例もでています。すでに大豆の種子に関しては、世界の大豆の六〇％がモンサント社の種子であり、そのすべてがGM大豆です。他の企業の種子を使えない状態がつくられつつあります。その種子は特許によって権利が保護されており、他社の参入が許されず独占支配の状況にあります。それだけではなく、農家が自家採種すると特許違反で訴えられ、農地を奪われています。いまアジアでは、遺伝子組み換えイネの売り込みが始まりつつあります。多国籍企業による支配が進もうとしており、栽培が広がれば食の主権はどんどん奪われていきます。

大野　どのような多国籍企業がかかわっているのですか。

天笠　米国のモンサント社がトップ企業ですが、その他に米デュポン社、ドイツ・バイエル社、スイス・シンジェンタ社が四大企業といわれています。その中で、モンサント社が九〇％のシェアを押さえて、独占的な立場にいるといえます。

モンサント社は、一九八〇年前後から種子企業とベンチャー企業の買収を進めてきました。種子企業を買収することで種子の販売ルートを確保し、ベンチャー企業を買収することで有力な特許を自分のものにしてきました。

日本の企業も次々とGM作物を開発してきましたが、商品化の道は閉ざされていたといってよいと思います。というのも、もちろん消費者の反対が強かったこともありますが、他に、商品化しても高額の特許料を請求されますから、種子代が高くなって売れないからです。

種子支配を裏づけているのが、この特許で、以前は認められていなかった生命体や遺伝子も特許として認められるようになったため、このような支配力を持つようになったのです。それに加えてWTOのTRIPS協定が、多国籍企業の種子支配力を強化しました。

もともと特許は、属地主義といって各国ごとに異なった制度として存在してきました。ところがWTOの前身のGATTウルグアイラウンドの際に、各国ごとに異なり、各国ごとに申請して権利を取得していくのでは、自由な貿易の妨げになるということで、国際的ハーモナイゼーションが掲げられました。それがTRIPS協定という形になったわけです。これによって特許制度が不備の国に対する制裁措置が可能になりました。

それと同時に、日米欧三極特許庁会議や特許G7（先進国特許庁長官会議）が始まり、国際特許化が進められてきました。

この国際特許化でもっとも問題なのが、米国の特許の範囲の広さです。特許権とは、工業製品の発明品に対して権利をあたえられるものでした。しかし米国だけ例外で、考え方まで特許権で守られるのです。その米国の特許に対する考え方が、ついに世界的に認められるようになりました。さらに生命や遺伝子も特許になどならなかったのですが、米国だけ例外的に特許にしてしまい、いまや世界が認めるようになりました。このように米国の基準が世界の基準になり、幅広く権利を主張できる基本特許を大量に抱える米国や米多国籍企業の一国勝ちとなってしまったのです。

このように種子の権利を強固なものにし、さらに国際特許の時代に入ると、米国だけでなく世界中でシュマイザー事件のような特許侵害事件が起きると思います。

シュマイザーさんはカナダの農家ですが、自分の畑にナタネを植えて、代々自家採種してき

ＴＲＩＰＳ協定：一九九四年、ＷＴＯ設立に向けたマラケシュ協定の中で締結された「知的所有権の貿易関連の側面に関する協定」で、特許などの知的所有権が不備な国をなくすことに加えて、各国ごとに決める現行の制度が貿易障壁になるとして国際統一化を図ることを目的に策定された。これによって知的所有権が強化され、企業の権利が強まり、特許権侵害の裁判や紛争が頻発するようになった。

ました。ところが近くの農家がモンサント社のGMナタネを栽培したため、その花粉が飛んで来てシュマイザーさんの畑を汚染しただけでなく、モンサント社から「お前はかってにモンサント社の種子を使っている」として訴えられました。最高裁まで争ったのですが、特許権侵害とされてしまったわけです。このような事件が、世界中で起きるということです。

大野　立命館大学の久野秀二さんのデータによると、農薬と種子と医薬品の販売高・世界ランキング上位企業は重複しています。生命に関わるところを世界のわずかな企業が握っているというところが問題ですね。

天笠　南部アフリカで、エイズの特効薬をめぐって大きな問題が生じました。アフリカでエイズに感染した人たちはお金がありませんから、インドの安いジェネリック医薬品を使っていました。ジェネリック医薬品というのは物まねでつくった薬ですが、多国籍企業がそれは特許違反だといって差し止めようとしたのです。

他方で、GM作物としてせっかく開発した「ゴールデンライス」が売れないため、各社は特許権を放棄して無償でアフリカの人たちに供与するといっているわけです。ただより高いものはない、と昔からいいますが、このコメを突破口に、アフリカにGM作物を浸透させていこうと図っているわけです。

一方で医薬品では特許権侵害で訴えている企業と、他方でGM作物では特許権を放棄して無償供与するといっている企業のほとんどが重なっているわけです。ダブルスタンダードなわけで、アフリカの人たちは大変怒ったわけです。

国際化が食の安全を脅かす

天笠　次に、ＷＴＯ体制と食の安全の問題に移りたいと思います。これについても私の方から話させていただきます。

ＷＴＯ体制が直接、食の安全を脅かす事例として、三つの問題を見ていきたいと思います。ひとつはコーデックス委員会です。余り聞き慣れない国際組織なんですが、実に重要な役割を果たしているのです。この委員会は、国連のＷＨＯ（世界保健機関）とＦＡＯ（食料農業機関）の共通の下部組織としてあるのですが、なにが重要かというと、食品の安全評価基準など、さ

ゴールデンライス：ビタミンＡの前駆体であるベータ・カロチンを含むＧＭイネ。開発者は、栄養失調で失明の危機にある子どもたちを救うことができるという触れ込みで、途上国に売り込もうとした。しかし、食料不足やそれをもたらす社会の仕組みそのものが問題であることから、途上国は見向きもせず、ベータ・カロチンの量が少なく失明対策にならないことも分かった。そこで開発者は新たに、これにかかわるすべての特許を放棄させ無償供与で売り込むことを決め、さらにはベータ・カロチンを多く含む新ゴールデンライスを開発した。

コーデックス（ＣＯＤＥＸ）委員会：国連のＷＨＯとＦＡＯの共同の下部機関で、食品の安全審査基準や有機農産物の規格など、食べ物にかかわる世界共通の基準や規格をつくり、執行する機関。ＷＴＯが設立されるとともに、コーデックス規格が強制力をもつように変更され、各国の基準を変え、食品の安全性が脅かすようになった。

まざまな食にかかわる規格を決めているからです。

もともとは余り権限を持っていなかった機関なのですが、WTOが設立され、コーデックス委員会の規格を国際規格とするとしたものですから、権力を持った機関に変身したのです。安全基準が各国ごとですと、自由な貿易の障壁になるとして、国際化が図られています。国際基準が決まると、それが世界的に強制されるわけです。もし違反すると制裁措置が取られる可能性がでてきたわけです。

確かにコーデックス委員会の議論はオープンですが、原案は事務局がお膳立てをしたものであり、しかも第三世界の国々は参加しようと思っても容易に参加できませんし、NGOの中には多国籍企業がいて、都合が悪い基準はつくらせません。遺伝子組み換え食品の安全審査基準も結局、市民の意見はほとんど入れないまま決まってしまい、日本を含めて世界中で取り入れられたわけです。

二つ目の問題は、コーデックス規格が国際規格となって世界中に押しつけられるのと同様に、BSE問題では、動物の病気にかかわる国際組織であるOIE（国際獣疫事務局）の基準が、世界の基準として押しつけられるのです。これもWTOとの関連です。いまOIEの基準はどんどん緩和されており、全頭検査はもちろん、骨なし肉の場合は検査自体が不要とされ、危険部位の除去だけでよく、その危険部位除去も三〇カ月齢以下は不要といった、規制がほとんど働かない状態になりそうです。

もう一つの問題は、国際化の名の下に食品添加物が次々に認可されていることです。食品添加物は各国ごとに安全性が確認され、認可されてきました。というのは、各国、各地域で食文化が異なり摂取量が違うからです。ところが各国ごとで認める、認めないとすると、自由な貿易の障壁となるということで、国際的ハーモナイゼーションが図られ、いま日本でも続々、安全性に疑問がもたれている未承認食品添加物が承認されています。

最初は塩漬け製品などに用いられるフェロシアン化物でした。いまもっとも焦点になっているのが、ナタマイシンという抗生物質です。もともと抗生物質は食品添加物として認めてはいない

WHO(世界保健機関)‥一九四八年に設立され、ジュネーブに本部がおかれた、国連の専門機関。日本でいえば厚生労働省の役割をになっている国際的な組織で、公衆衛生や感染症対策、飲み水などの環境問題等に取り組んでいる。一九八一年の世界保健総会で、二〇〇〇年までに世界中の人々に健康をもたらす目標を設定したが、事態はむしろ悪化している。

FAO(国連食料農業機関)‥一九四五年に設立された国連の専門機関。本部はローマに置かれ、世界の栄養および生活水準の向上を図り、食料問題、農業・農村問題に取り組んでいる。GM作物の登場とともに、それが世界の栄養および生活水準の向上に役立つとの立場から、どちらかというと推進の姿勢をとってきた。

OIE(国際獣疫事務局)‥一九二四年に設立され、各国の獣医師で構成される、動物の病気にかかわる国際機関。パリに本部が置かれ、家畜の伝染病発生の情報収集や提供が主な役割。WTO設立後は、OIE規格が国際規格として強制力を持つように変更されたため、BSE問題では、単に病気への対応を図るに止どまらず、食品の安全性にかかわる国際規格にまで権限が及んでいる。

けないことになっているのです。その禁を破って認められようとしています。チーズの保存料だそうですが、耐性菌の問題がありますし、それ自体の安全性の問題もあります。

こうなると、食の主権が奪われ、無政府主義的状況が、食品の安全性を脅かすまで波及し、生活の隅々まで及んできたといえます。

リスク論と予防原則

大野 いま食の安全性に関して、食品安全委員会を含めて、リスク管理方式を取っています。それに対して消費者団体などは、予防原則を対置しています。そのリスク管理方式というのは、いったいどういうものですか？

天笠 おっしゃる通り、いま食の安全に関してはリスク評価を基本としています。その基底には「リスク論」というものがあります。このリスク論が大変問題でして、米国政府や日本政府などがＢＳＥ問題で「牛肉は安全」という際に、よく使う手段になっています。例えばこういう論理です。

この論理の基本は死者の数です。交通事故で死ぬ人が毎年八〇〇〇人だとします。それに比べて食中毒で死ぬ人は何人か、食品添加物で死ぬ人は何人か、という統計的な議論を行うわけです。そうするとＢＳＥ問題はどうなるかというと、英国では約二〇万頭がＢＳＥ感染牛として確認されています。確認された周辺の牛も殺されますから、感染牛は推定で二〇〇万頭程度だろうと見られています。そこから感染した変異型クロイツフェルト・ヤコブ病の人は何人かというと、二〇〇五年四月一日現在で英国で一五五人、その他の国を入れて一七二人です。二〇〇万頭の感染牛に対して、感染した人は一五五人であり、確率は低いわけです。将来的に増えたとしても、一%に達しないわけです。英国ですらそのような数字です。そこから日本での感染者の確率を計算するわけです。現在、日本でのBSE感染牛は一七頭ですから、日本では感染者は出る可能性はほとんどゼロに近いという計算になってしまうわけです。

するとこんなことに力を入れず、もっと交通事故での死者を減らすよう、予算の配分なども行うべきだという話になります。死者の数から予算配分のような経済的な問題にいくわけです。

これは、予防原則とは対立する概念となります。なぜかというと、例えば食品添加物や化学物質などで、いまは確かに死者は出ていないかもしれませんが、がんや遺伝障害などで、将来桁違いに多くの人が犠牲になるかもしれません。しかも被害が広がってから対策を立てたのでは手遅れになる可能性がある。そのために、いまから手を打っておかなくてはいけないよ、というのが予防原則です。

大野　先日、ある会合で、「予防原則ばかりをいっていたら、食べるものがなくなってしまうじゃないか」という質問が出ました。その時私は「リスク論は権力の論理であり、予防原則は市民の論理であり、立場が違うのです」と答えました。例えば、一〇〇万人に一人が死んだとしても、権力にとってはたいしたことではなく、無視できる数字です。しかし、市民にとっては大変な問題であり、その一人が自分かもしれないのです。

食べる側が「俺は死んでもいい」というのと、権力の側が「安全だから食べろ」というのでは、全然意味が違うのです。私たち食べる側には選択の余地がないのですから。

天笠　電磁波の有害性について話していた際のことですが、聞いていた人が「電線に止まっていたカラスが死ねば分かりやすいのに」というのです。「そうではないんだ。確かにすぐ生きる死ぬと出れば、誰でも見て分かるかもしれないし、対策も立てられます。ところがいまはよく分からないため対策も立てられず、五〇年後、一〇〇年後に大きく被害が広がっていた、という方が本当は怖いのです」と答えました。いますぐに結果が出ない方が、むしろ問題としては大きいのです。対策が立てられず野放しにされて、結果的に大変な事態を招くからです。そのような被害を防ぐのが予防原則ですが、権力の側は、リスク論で対応を図っています。

私たちにとって食料主権とは？

天笠　最後のテーマですが、食料主権とは何か、市民の抵抗の論理とはどんなものか、という点についてお話をうかがいたいと思います。まず、食料主権という言葉がどこから出てきて、どういった内容のものとして語られたのか、お話しいただければと思います。
大野　一九九六年、国連食料農業機関（ＦＡＯ）によって世界食料サミットがローマで開かれた際に、それに対抗するＮＧＯ世界フォーラムが開催されました。食料主権という言葉は、そのフォーラムの中で初めて民衆の言葉として出てきました。ビア・カンペシーナ、スペイン語で「農民の道」という、グローバリゼーションに対抗してつくられた世界の農民運動のネットワークが、初めて使ったのです。

その時に出されたNGO声明の中で、それぞれの国は食料を各国から干渉されずにつくる権利があり、自国民に十分に栄養価を供給する権利がある、という旨の表明が行われたのです。それまで自由貿易に対抗するものとして、政府レベルでもNGOでも、出されていた概念は、「食料安全保障」論です。食料主権は、それに代わる言葉として登場しました。食料安保と食料主権では何が違うかというと、食料安保では国民に対して食料を安定的に供給することを保障するということですから、安定的に輸入すればよいではないかということで、自給という概念は無視されていました。これに対して食料主権は、自給を基礎においています。

このように国際的な農民運動から出てきた言葉ではありますが、最初は明らかに国家の論理として提示されました。主権という言葉は、もともと国の統治権を指しているのですね。そういう統治権の一環として食の安定供給を保障していくという考え方でした。しかし、グローバリゼーションが進み、いわゆる先進国、途上国を問わず、国が先頭に立ってグローバル化を推進するようになり、人々が自由につくったり、食べたりといったことに対して、国が抑え込もうとしてくる。そういう事態が急速に進みました。いまの日本の農水省などは、まさにその通りだと思います。食料主権という言葉はいまや、国の主権ではなく、人々が安心して生きるための権利、生存権として読み直さないといけない時代になっています。

天笠　第三世界で国と市民の立場が一致しているようなケースでは、声高にいえると思うのですが。

大野　いまや第三世界でも、いたるところで国と市民の間で利害が食い違ってきていますね。土地や水に対するアクセス権では、逆に国家によって侵害されているところが多くなっています。ビア・カンペシーナの人に、「食料主権という言葉をどういう意味で使っているのか」と聞いたところ、土地と水のアクセス権を農民が持つことだと、かなり強調していっていました。ところがいま、それが国家によって侵害されています。農民運動が食料主権という言葉を用いるときには、ある時は国家と一緒に、ある時は国家と対抗して、という両者の意味があるように思います。

フィリピンなどは、まだ大地主制度が残っており、土地解放を目指して農民は闘ってきました。そのフィリピンには、包括的農地改革法というものがあるにはあるのですが、グローバル化が進むなかで、農地を解放して零細農民をつくったのでは、フィリピンは国際競争に生き残れないということで、国と地主勢力、政治家が結託して、農民の土地解放闘争を抑え込もうとする動きが強まっています。

そうなると、国と農民運動は対立せざるを得ない。国の主権ではなく、人々の権利、生存権として食料主権を定義し直さなくてはならないわけです。そういう場合、食料主権という言葉が適当かどうかという議論は当然出てきます。

多様性を守ることが大切

大野　さっき天笠さんがいわれた、それぞれの地域で食文化が異なるわけですから、食品添加物の基準が違うというのは、当たり前なのですね。それと同じように、それぞれの地域で農業のやり方も違って当たり前です。その農業を培ってきた自然条件が異なるわけですから。その異なる農業が、異なる食文化をつくり出しています。その違いを認めさせるかどうかが問題だと思います。食料主権というのは、そうした多様性がグローバリゼーションで消されないように、きちんと認めさせて、それを権利として確保させるかどうか、という点につきるように思います。

天笠　いわれるように多様性を認めさせるということが、もっとも大切だと思います。イタリアでスローフード運動が起き、世界中に広がっていますが、一九八〇年代に、ローマにマクドナルドが進出したことに端を発して取り組まれました。ファーストフードのように、味も国際統一化し、食材も世界中から安いものをかき集めてつくる、そういうやり方に対抗して、それぞれの地域の味を守り、食文化を守り、グローバリゼーションではなくて多様性を守ることが、この運動の原点なわけです。日本の場合、ムード的に使われていますが、本当はもっと運動的であり、反グローバリズムが基底にあるわけです。

いまイタリアなどヨーロッパのスローフード運動は、遺伝子組み換え作物・食品（ＧＭＯ）反対一色になっています。ファーストフードが多様性の敵であるように、遺伝子組み換え作物も多様性の敵なわけです。多国籍企業が世界中に同じ種子を使わせ、同じ作り方を強い、同じ農薬を使わせるわけですから。

ＧＭＯフリーゾーン（遺伝子組み換え作物栽培禁止地域）運動の大会があり、ベルリンにいってきたのですが、三〇カ国もの人たちが集まって、ＧＭＯ問題について論議したのですが、大会宣言の中心にすえられたのが、食と農の多様性と食料主権なわけです。そこで述べられている中身を見ますと、ＥＵが二五カ国になり、共通化が進められています。それはＧＭＯを導入させる役割を果たす。それに対し、それぞれの国や地方政府が食料主権をもって農業の多様性を守ろう、というものです。どちらかといいますと、地方政府や自治体が、食料主権の主体になっていました。ＧＭＯフリーゾーンも、自治体が主体となっており、欧州委員会や政府と対立して進められているケースが多いのです。

大野　これからＦＴＡが広がったり、東アジア共同体のような形になっていくと、それぞれの地域の農業をどう守っていくか、アジア全体で多様な農業をどう守っていくかが、大事になっていきます。日本政府がそんなことを行うわけがありませんから、自分たちでつくっていかないといけないわけです。

天笠　その点で、アジアの農民運動はいかがでしょうか。

大野　運動のつながりも、運動自体も弱いです。世界的に見ると、中南米の運動が強いですね。ビア・カンペシーナのネットワークがアジアにもあるのですが、世界で最も弱い地域になっています。

他方、アジアの農民の間で、自主的に伝わっている、農業技術の広がり方は、大変ユニークで面白いですね。例えば、アイガモ農法などは、韓国や中国でも広がっていますし、日本のNGOが媒介してベトナムでも広がっています。ベトナムではもともと、田圃でアヒルを飼っていましたが、それと結合したのです。

「ワラ一本の革命」の福岡正信さんが、インドに行くと聖者になっています。逆に韓国の自然農法が日本で広がったり、さらにタイに行ったりしています。このように農民レベルでは、オルターナティブな技術が伝わり、定着し、それぞれの地域の風土の中で体系化され、効率一辺倒の近代農業とは違う、地域の自然と共生関係を結ぶ農業として育っています。私たちもそれを意識的に結びつけて、はっきりと見える流れにしたいと思っています。

もう一つは、日本などでは伝統的に行われてきた朝市とか直売を、いまの地球規模の市場競争に対抗する、もうひとつの農民流通・農民加工として再発見する動きが大きな流れになっていますが、日タイ農民交流の中で、独自のものに形を変えてタイでも行われ始めました。フィリピンのネグロス島でも、同じような動きが出てきました。

天笠　農民運動の連帯は弱いが、実質的な連帯が進んでいるのですね。アジアの農業は、多様ですが、確かに共通項も多いですね。

大野 同じようにひどい目に遭っている、という共通項もあります。

天笠 アジアの農民運動の連帯を阻害するものに、言葉の壁がありますよね。国際会議ひとつ持つのも大変です。その点、アイガモ農法のような技術での連帯や、朝市のようなノウハウでの連帯はいいですね。

大野 そうなんですよ。そういった問題ですと、農民同士は畑に立つと言葉が通じなくてもすぐに分かりあえますから。しかし、アジアFTAに対抗するしっかりした運動のネットワークもつくっていかないといけません。そうしないと各個撃破され、農民同士の反目が起きかねません。

今日はさまざまな問題が出てきましたが、食の安全に取り組む人、水問題に取り組む人、特許の問題に取り組む人というように、それぞれ取り組む人がいますが、横のつながりがありません。分野ごとに分断されていると思います。お互いが知り合い、総合的な問題として取り組む必要があります。反グローバリゼーションの運動を進め、食の主権を取り戻すには、そこが問われていると思います。

第2章　食料主権を奪う遺伝子組み換え（GM）イネ

1　進む多国籍企業による種子支配

緑の革命から遺伝子組み換えイネへ

天笠啓祐

種子が支配される

多国籍企業による種子支配を可能にした技術こそ、緑の革命だった。緑の革命とは、第二次世界大戦期に始まった、高収量品種の開発のことである。多国籍企業は、この高収量品種の種子を売り込む際に、単位面積あたりの収量が増えるため「飢餓がなくなる」「農民は収入が増える」と宣伝した。その甘い言葉にだまされ、第三世界の国々は競って導入し、その種子は、アジアを中心にたちまち世界中に広がっていった。しかし、栽培が進んだ地域で、多国籍企業による種子の支配が進み、飢餓はなくなるどころか拡大していった。

アジアの農民は、緑の革命がもたらした種子支配が、いま遺伝子組み換え種子によって受け継がれ、多国籍企業によって、さらに強力な支配をもたらすと警戒している。とくにアジアの人々の主食であるイネがターゲットになっており、もしイネの種子が支配されると、アジアの農業が根こそぎ多国籍企業の支配下に入る恐れがでてくる。

種子支配をもたらしたのが緑の革命であり、その支配を、さらに大規模にしていくのが、現在進行している「遺伝子革命」である。詳しく見ていこう。

緑の革命

緑の革命は、第二次大戦中メキシコ政府の協力のもとで、ロックフェラー財団の手で押し進められた、ハイブリッド（雑種１代、あるいはＦ１ともいう）品種の開発だった。このハイブリッド品種の特徴は、掛け合わせる親の代をもつ企業が種子を支配し、それによって食料を支配できる点に特徴がある。

新しく開発された新品種を保護するために、一九六一年にＵＰＯＶ条約（植物の新品種保護に関する国際条約）が締結された。作物の特許制度ともいえる仕組みがつくられたのである。今日、

ハイブリッド品種　親の代を掛け合わせてつくった子の代のことをいう。メンデルの法則の優性の法則によって、子の代（Ｆ１）では両親の強い形質のみが現れるという性質を利用してつくられた種子のこと。開発企業は、その親の代を継代培養して掛け合わせつづけ、種子を販売している。自家採種して翌年蒔くと（孫の代（Ｆ２））、メンデルの法則の分離の法則が働き、隠れていた弱い形質が現れるため、同じものをつくることができない。そのため毎年開発した企業から種子を買う仕組みがつくられた。

拡大している知的所有権による種子支配の先駆けとなった制度である。

緑の革命で、まず高収量品種の小麦とトウモロコシが開発された。単位面積当たり二〜三倍も収穫できる画期的品種の登場である。この高収量品種を開発した技術者は、これによって世界から飢餓がなくなると豪語した。しかし、この緑の革命の作物が持ち込まれた国や地域の農業を大きく変えることになり、結果的に飢餓の拡大を招くことになった。

緑の革命で開発された作物は、種子代がかかる上に、灌漑設備、機械化を前提としていた。また、害虫や病気に弱いため農薬を大量に必要とし、土から栄養分を奪うため化学肥料を多投与する必要があった。すなわち農業をおカネがかかるものに変えてしまったのである。

高収量品種が普及し始めた国では、農業に資金が必要となった上に、収量が増加したため価格が暴落し、大地主にとっては有利だが、小規模経営の農家は没落することになった。このことは農地が大地主にいっそう集中する結果をもたらしたのである。小規模経営の農家は、土地を奪われ、都市に出ていくか、大地主の下で働くかといった限られた選択肢しか残されていなかった。その後、イネの高収量品種の開発が始まった。取り組んだのは国際イネ研究所（ＩＲＲＩ）である。この研究所を設立したのも、ロックフェラー財団とフォード財団である。

この緑の革命で最も犠牲となったのが、アジアの農民だった。土地を拡大した地主と多国籍企業が結びつき、換金作物としての輸出用作物づくりへと切り替えが進んでいった。その国でとれるものは輸出され、その国の人々が食べるものは輸入されるという、パターンが広がっていった。その状態に、発展途上国全体が陥った「サラ金地獄」に似た累積債務が重なって、いっぺんに矛盾が噴出することになった。

債務国は借金の金利の支払いに追われ、せっかく輸出用作物で得たドルを、その支払いに回すという事態が常態化した。教育・福祉が犠牲になり、栄養失調と医薬品の不足が起きた。こうして飢餓が広がっていったのである。農作物が実る豊かな土地では輸出用作物がつくられ、その横で人々は飢餓で苦しむという状況が見られるようになった。緑の革命がもたらしたもの、それは第三世界の飢餓だった。

「遺伝子組み換え作物は、第二の緑の革命」である、と誰もが思った。種子を開発したモンサント社のような多国籍企業によって種子が支配され、しかもそのメーカーの農薬を使うよう

ＵＰＯＶ条約（植物の新品種保護に関する国際条約）：一九六一年に植物の新品種開発者を保護するためにつくられた国際組織（ＵＰＯＶ）と、その条約（ＵＰＯＶ条約）。生命は特許制度になじまず、新品種開発者の権利を守る制度がなかったことからつくられた。各国に国内法制定を求めているため、日本では「種苗法」がつくられた。ＧＭ作物の開発に伴い、開発者の権利を強化するため、一九九一年に大幅な改正が行われた。

ＩＲＲＩ（国際イネ研究所）：一九六二年にフィリピン・マニラ郊外ロス・バノスに設立された、イネの高収量品種開発に取り組む国際研究機関。米国ロックフェラー財団とフォード財団が出資し、緑の革命のイネ開発に取り組み、インドネシアのペタ種と台湾の鳥角突骨種を掛け合わせた「イリ８」は奇跡のコメとまでいわれた。しかし、そのイリ８が導入された地域では、小規模な農家は淘汰され、大地主への土地集中合併が起きるなど、矛盾が拡大した。

に仕向けられていくことになる。アジアの農業の現場は、かつて「緑の革命」がもたらした悲惨な道を再び辿り始めようとしている。その「遺伝子革命」の実情を見ていくことにしよう。

変わり始めた食料生産・消費の構造

いま世界の食料生産・流通は、米国政府と、その政府に強い影響力をもつ多国籍企業モンサント社による支配が進んでいる。

米国政府は、同国からの食料輸入を渋る国に対しては、WTO（世界貿易機関）やFTA（自由貿易協定）を用い、制裁措置をちらつかせたり、直接に政治的圧力を加えて、強引に食料を売り込んできた。政府の強い後ろ盾を受け、モンサント社は、大豆の種子で世界の約六割のシェアを占めるまでになった。トウモロコシや綿、ナタネでも大きな支配力をもつに至った。これらの作物は、飼料・食用油になくてはならないものとして、消費量が増大していることから、遺伝子組み換え技術での開発が真っ先に進められた。同社が次にターゲットを絞っているのが、稲と小麦である。

現在、世界の食料生産・消費の構造に大きな変化が起きている。変化をもたらした要因の一つが、穀物消費量の爆発的な増大である。食生活が変わり、肉食が増えたことで、飼料用穀物の消費量が増えたことによる。もう一つの要因が、遺伝子組み換え作物の登場である。その遺伝子組み換え作物を大量に栽培して一大穀物輸出国となったのが、ブラジル、アルゼンチンなどの南米諸国である。この南米を起点とする穀物の流れが本流になりつつある。

長い間、穀物の生産・輸出の主役は米国であった。この間、ブラジル、アルゼンチンの台頭は著しく、米国を追い越す勢いである。そこに目を付けたのがモンサント社で、米農務省の強い後ろ盾を得て遺伝子組み換え大豆の種子を売り込み、一大生産地に仕立て上げたのである。ブラジル、アルゼンチンなどの南米諸国は、北米と季節が半年ずれるため、それを強みにして、生産量を増やしてきた。輸入国からすれば、北米と南米から輸入すれば、一年中穀物を入手できる。こうして大豆の輸出量トップの座は、米国からブラジルに移行したのである。

輸入国では、中国が目立つ。同国では肉食の増大によって穀物消費量の爆発的な増大が起きた。その結果、ただでさえ輸入量が圧倒的に多い日本・韓国・台湾の三カ国に中国が加わり、東アジアは穀物大量消費地域になった。

モンサント社の独占体制

遺伝子組み換え作物の栽培面積は、年々、拡大の一途をたどっている。作物としては、大豆、ナタネ、トウモロコシ、綿の四作物がつくられている。最大の栽培国は米国で、他にはアルゼンチン、カナダ、ブラジル、中国の五カ国で主に栽培されている。

米国では大豆、トウモロコシ、綿がつくられている。アルゼンチン、ブラジルでは大豆が、中国では綿が、カナダではナタネがつくられている。

ヨーロッパや日本では遺伝子組み換え作物がほとんど栽培されておらず、アフリカでは南アフリカ共和国で綿が栽培されているだけである。インドでは綿、フィリピンではトウモロコシの栽培が始まったが、農民の抵抗が大きく栽培面積は増えていない。

遺伝子組み換え作物が食品となって初めて世界の人々の食卓に登場したのは一九九六年末、その年から本格的な作付けが始まり、年々栽培面積が拡大し、二〇〇四年には八一〇〇万ヘクタールになり、日本の国土の二・一倍の広さにまで広がった。

この遺伝子組み換え作物をめぐっては、食品としての安全性に懸念が示され、栽培した際には生態系を破壊し、多国籍企業による種子支配が進行することから、世界中の消費者団体、環境保護団体が反対の声を上げてきた。

米モンサント社・デュポン社、スイス・シンジェンタ社、独バイエル・クロップサイエンス社の多国籍企業四社が、主要開発メーカーである。とはいっても現状は、モンサント社が、九〇%を超えて種子を支配し、独占状態にある。同社は、特許を支配し、それによって種子を支配し、世界の主要作物を支配してきた。次のターゲットにしてきた穀物が、イネと小麦である。

アジアでは、主食のコメをターゲットに遺伝子組み換え品種の開発が活発に行われてきた。その主役の一人がモンサント社である。同社は、除草剤耐性イネを開発し、アジアへの売り込みを図ってきた。日本で水田で用いることができる品種の開発を進めてきたが、日本の市民団体の反対が強く、挫折を強いられることになった。しかし、中国が開発を進めてきたＧＭイネの栽培が進めば、ふたたび進出に向けた動きを強めることが予想されている。

もう一人の主役が、スイス・シンジェンタ社である。同社は「ゴールデン・ライス」を、国際イネ研究所と共同でアジアに売り込もうとしており、活発に活動を行ってきた。それに加えて、日本の農水省の研究機関が開発してきたイネも、売り込みに向けて動きだしている。

さらには、イネの特許争いも激化している。遺伝子組み換え作物は、特許を支配することで種子を支配する構造が確立してきた。現在、イネゲノム解析（イネの全遺伝子解読）の先陣争いが激しさを増している。遺伝子をいち早く解読して特許にして権利を抑えることで、他社の参入を抑え、競争に勝つことができるからである。そのイネゲノム解析では、シンジェンタ社と日本の農水省の研究機関の間で激しい争いが起きている。

注目される中国の動き

それに加えて最近では、中国の動きが注目されている。中国は、アジアで唯一のGM作物大規模栽培国である。中国は、米国に次ぐ世界第二位の綿生産国であり、一九九七年よりモンサント社のGM綿を栽培してきたが、二〇〇四年の栽培面積は三七〇万ヘクタールに達し、全綿栽培面積の六六パーセントを占めるに至った。

二〇〇四年末、地球の友インターナショナルが出した報告書「GM樹木、森林への最後の脅威」によると、中国で一五〇万本を超えてGM樹木のポプラが植えられていることが明らかになった。二〇〇五年一月初めに山東省梁山県にある家畜試験場で、人間の蛋白質を乳に含むように遺伝子を組み換えた牛が二頭誕生している。中国農業大学と地元の企業が共同で開発したものである。カナダのGM企業ペン・バイオテク社は、二〇〇五年に中国へGMジャガイモの種イモを五九〇トン輸出する契約を結んだ、と発表した。この種イモは、韓国のバイオサイエンス・バイオテクノロジー研究所が開発したものである。

その中国でもっとも注目されているのが、GMイネの承認問題である。二〇〇五年四月には、違法な形とはいえGMイネが栽培されていたことが発覚した。

また二〇〇四年一二月には、中国バイオセーフティ委員会がGMイネを承認しており、まもなく中国政府が認可するのは確実と見られている。

アジアでは、その他にイランでGMイネの栽培が認可され、商業栽培が始まった。規模は大きくないものの、世界で初めての商業栽培である。

このイランの動きに加えて、中国政府がGMイネの商業栽培を認可すると、モンサント社がGMイネを中国に売り込む動きが始まり、インド政府のGMイネ認可に向けた動きが起き、スイス・シンジェンタ社のアジア全体へのGMイネの売り込みにも拍車がかかりそうだ。

このような状況が、アジア各国農民のつくる権利を脅かしている。いまアジアの市民の間で、遺伝子組み換えイネに反対する運動が広がっている。この日本においても同様である。

2　緑の革命のイネとＧＭイネ

カーステン・ヴォルフ

緑の革命が破壊したアジアの農業

コメは、私たちアジアの人々にとって生命そのものである。それは何千年にもわたって私たちの食料のシステム、言葉、文化、そして生活の糧の基礎となってきた。アジアの人々やＮＧＯの運動家たちは、アジア農民運動の声明（本論文につづき掲載）を発表した。そこで示したように、農民やそれを支援する市民グループによるコメを守ろうとする努力は、経済問題の枠をはるかに越えたものになっている。

伝統的なコメ生産はアジアの文化と分かちがたく結びついており、コメに対する脅威は、す

カーステン・ヴォルフ：農薬行動ネットワーク・アジア太平洋（ＰＡＮＡＰ）「セイブ・アワー・ライス」キャンペーン・コーディネーター

なわち社会全体に対する脅威に等しい。伝統的な農業と、近代科学に依拠する工業的な農業生産は対極にある。近代的な農業は植民地政策とともに到来し、それまで何千年にもわたって育まれた栽培方法を、わずか二〇〇～三〇〇年の間に消滅させてしまった。

「緑の革命」は、農民たちの知恵や、水田での生物多様性が侵されていく過程を後押しし、ハイブリッド米を普及させ、アジアの伝統的な品種に取ってかわらせた。それにともなって、地域に根づいていた（自然と伝統的な信仰と結びついた）稲作文化も姿を消すことになった。ハイブリッド米は病気や害虫に弱いために、農薬の投入がもっと必要となった。この農薬は環境を汚染し、毎年二五〇〇万人にものぼる農民が被害を受けてきた。また、農薬の誤用や過剰投与は害虫の耐性化をもたらし、さらに膨大な害虫の発生を引き起こし、結果として大きな損害を引き起こしたのである。

ハイブリッドから遺伝子組み換えへ

ハイブリッド米の導入は、遺伝子組み換えイネへ移行していくためのバネにもなった。「飢餓を救う」という、バイオテクノロジーの推進者たちの強弁とは裏腹に、イネを遺伝子組み換え化する本当の目的は、アグリビジネス（種子企業や農薬企業などの農業関連企業）が「緑の革命」を通して築き上げた単一栽培による利益をさらに拡大するところにある。ここに紹介するのは、「知的所有権」を盾に、新しい種子への権利主張、すなわち特許権で高利潤を得ようとする事例である。

WTO（世界貿易機関）が定めた「TRIPS（知的所有権）協定」は、すべてのWTO加盟国に対して知的所有権に関する法律の制定を強要しており、しかも各国に対し、その特許を認めないようにする道をほぼ閉ざしてしまった。知的所有権は、各国や各地域共同体の食料主権を危機に追いやるものである。なぜなら、それらの法律は農民たちが自家採種の種子で栽培することを許さないからである。

いま遺伝子組み換え作物の研究・開発は、農業化学の分野で世界最大級の製造会社であるモンサント社やバイエル・クロップサイエンス社といった、農薬をつくる「多国籍企業」に牛耳られている。そのため、遺伝子組み換えイネに関する研究・開発の大半は、除草剤耐性イネで行われてきた。それらの企業が製造する除草剤で汚染された農地では、除草剤に耐性をもったイネが枯れることなくはびこっている。

現在進行中のグローバリゼーションや自由主義経済は、多国籍企業の支配や利権をさらに強める働きをしており、アジアの農民たちへの脅威となっている。そのひとつが、手厚く補助金を受けた「北」の国からの農産物を輸入するように、アジアの国々が自らの市場を開放するよう強いられていることである（これはWTOの農業協定によるものである）。

他方で、「緑の革命」の一翼を担っている企業の参入がもたらした大規模農業化により、農業は危機的状況に追い込まれている。つまり土壌の流失、害虫に抵抗力をました作物に起因する害虫問題（農薬に耐性をもった害虫の出現）、膨大な債務、利益独占といった流れを招いてしまった。結果的に引き起こされた事態といえば、広範な経営破綻と農民たちの失業問題である。繰り返し述べるが、多国籍企業は自らの利権を拡大し、農民に本来属していたはずの自然資源への支配を強めつづけているのである。

国際コメ年によせて

アジア農民運動の声明

コメは、私たちアジアの人々にとって生命です。コメは私たちの主食であり、何百万人もの農民が生産に従事しています。農民、女性たち、農民の家族、地域社会は食べ物として、また収入の手段としてコメに依存しています。コメは生計の道なのです。コメは私たちの文化、祭典、地域のつながりの一部なのです。

しかし、グローバリゼーションによって、またＷＴＯの農業協定が課してくる条件を実施することによって、コメの生産が脅かされています。コメ生産は、多国籍企業と欧米などの先進国にどんどん牛耳られるようになってきています。

傲慢な貿易自由化政策によって、私たちのコメの市場は開放され、関税が撤廃され、その結果、コメの生産者は排除されつつあります。補助金が廃止され、種子を常に買いつづけなければいけなくなり、コストが上昇した結果、債務を背負い、小規模農家は土地を売り払ったり、没収されたりしています。土地を所有する農家は、自由市場では競争力がないため、利益を得るために換金作物を栽培するようになりました。水田があった地域はいまや花卉《かき》、キャッサバ、家畜の飼料、輸出用作物を生産しています。またフィリピンではコメの輸入割当が撤廃されたことによって、農家やその家族はさらに農業が行えない状況に追い込まれるでしょう。中国では企業の契約農家によって水田がいまや、園芸用に使われるようになりました。

「TRIPS（知的所有権）協定」が強いる知的所有権強化のために、コメの種子の品種はいまや、女性や農村共同体の手から離れ、種子会社や民間企業の支配下に置かれています。IRRI（国際イネ研究所）は、アジアの農民の食料生産能力を向上させることによって、人々に食料を与えるために設立されましたが、その方向性を見失ってしまいました。今日では企業と協力して、企業に情報を提供し、企業にさまざまな品種の種子を渡しています。そうして、多国籍企業の種子支配を促進し、農民の手から種子の支配を奪っているのです。

米国企業によるジャスミン米の特許取得をめぐって、タイでは何千人もの農民が闘って

ジャスミン米：タイ米の中でも高級で価格が高いが、他のコメと比べると香りがよいことから、この名前がつけられた。

います。これはジャスミン米の生産と市場支配への抵抗です。コメ生産におけるこのような動きと、輸入米への依存度が強まることによって、食料の確保、食料安全保障は重大な危機にさらされ、アジアの人々から食の権利が奪い取られています。今日のコメへの関心といえば、国際市場での取引の対象となる「商品」をつくることだけです。このような目論見によって、企業や先進国は、私たちの食料、土地、そして生産手段を支配しようとしています。

この目論見は、国際コメ年を通していっそう推進され、展開されてきました。国際コメ年で、FAO（国連食料農業機関）とIRRIが強調してきた点は、ハイブリッド米によって一ヘクタールあたりの収量を上げることです。FAOはこれを一歩進めて、「バイオテクノロジーによっても生産性を向上させなければならず、したがって遺伝子組み換えイネは必要なものだ」と強調しています。つまり、国際コメ年とは、生産を企業に移し、私たちの農業コミュニティを消し去るための年なのです。実際、それは目的を果たせず、飢えた人々は増大し、さらに多くの農民は、資源と土地への権利、そして生計を立てるすべを失っています。国際コメ年は、飢えの原因の基本的な核心部分、すなわち生産、土地と資源へのアクセス、食料の分配という課題に取り組んでいないのです。

イネゲノムを解析し、いわゆる「ゴールデンライス」を開発しても、飢えや栄養失調の問題は解決されるものではありません。それはさらに、コメとその生産、分配と管理の支配をもたらすだけのものなのです。

しかし、アジアの農民たちはこのような支配、土地や生活を奪われることに抵抗しています。農民運動が勢いや強さを増す一方で、政府は軍事化を押し進め、行動を非合法化して農村社会を破壊することによって抑圧を強化しています。私たちは韓国農民の李さんに敬意を表します。彼はカンクンでその身を犠牲にし「グローバリゼーションとは稲作農民の死以外の何ものでもない」というメッセージを放ったのです。彼の死は、帝国主義者が進めるグローバリゼーションに対する私たちの闘いの強化と復活をこそ指し示しているからです。

家族のため、地域社会のため、国のため、コメづくりを守りつづけるために、ＷＴＯやその協定、そして食料と農業に対する支配を拒否しなければなりません。私たちが食料を確保するために、コメ生産を、私たち農民自身の手に取り戻し、私たちの地域社会に取り戻さなければならないのです。最後に、私たちは食料主権を推進し、コメの品種を管理し、農薬や化学物質の使用をやめ、そして遺伝子組み換えイネを拒否します。

生きる権利、飢えからの解放、私たちの文化と次の世代につづく未来、それはコメがもたらすものなのです。

李京海（イギョンヘ）さん：韓国の農民運動家。二〇〇三年、メキシコのカンクンで開かれたＷＴＯ閣僚会議の際に、「ＷＴＯは農民を殺す」というプラカードを掲げ、自分の胸にナイフを刺して亡くなった。

3　南インドにおける稲作の状況

緑の革命からＧＭイネへ

ウシャ・ジャヤクマール

コメはインド南部のアンドラプラデッシ、タミルナドゥ、カルナタカおよびケララの各州でもっとも重要な作物である。毎年七六〇〇万ヘクタールの農地から二一〇〇万トンが収穫されている。各州では、大規模な灌漑プロジェクトが組まれ、水田用の灌漑が確立している。

一九六五年からの三〇年間で、南インドにおけるコメの収穫高は一一九〇万トンから二一〇〇万トンに増加した。この期間、南インドの公営農業施設は一一〇品種のハイブリッド米を開発した。しかし同時に農民は、耐病性、耐乾燥性、薬理効果、耐洪水性などの特質をもった先祖代々受け継いできた品種を失うこととなった。それらの多くは各地域固有の品種だった。

過去一〇年間に南インドの農村部では、自殺者が増加している。これは旱魃《かんばつ》、害虫の大発生、洪水による被害に加え、農産物の販売価格が低く押さえられたことによるもので、これまでになかった事態である。皮肉なことに南インドのほとんどの人々は一日に少なくとも二回はコメを食べるため、稲作農民はコメの値上がりに苦しんでいる。これは誤った貿易政策がなされているためである。コメの高騰により農村部の貧しい人々はコメを買うことができない。政府の力が弱くなるとともに作物の生産も衰退してしまった。

先祖伝来の種子を失い、土地の生産力は落ち、地下水位が低下し、農薬や化学肥料により水域が汚染され、害虫は大発生し、農民の健康が失われるなど、さまざまな事態が進行し、これらすべては農村に苦悩をもたらしている。

農作業の機械化によって農地を追い出され、女性の社会的地位にも影響が及んでいる。彼女たちは新たな仕事を探すため移住を強いられているが、得られた仕事も短期のものであり、概して劣悪な条件であることが多い。

過去三〇～四〇年の間に農民は、資源、知識、職業、そしてさらに日常生活ですら主導権を奪われている。主導権は政府になく、国内の企業や多国籍企業に奪われている。これは農村社会の文化、経済に影響を及ぼし、農民は土地を売ったり、貸したりするなど農業から離れざるを得ない状況に追い込まれている。こうした現状を利用して、淡水養殖、花卉栽培、園芸などを始める者も多く、人々の心はすさみ、村を出ていく者もいる。

こうした危機的状況にあたって著名な科学者たちは、「飢餓と貧困から農民を救う技術」と

ウシャ・ジャヤクマール：南インドで活動している、農薬問題、健康、農業政策、有機農産物のオルターナティブ市場、ごみゼロ社会、持続可能な生活などに取り組むタナル（Thanal）に所属

してバイオテクノロジーを推奨している。高名な農学者グルデヴ・シン・クッシュ博士は国際コメ年の一環として南インド・ハイドラバードで開催されたシンポジウム（「緑の革命から遺伝子革命へ」）で、「有機農業は国が必要とする食料の大量生産には適さない」と語った。彼は「イッテンオオメイガなどの『害虫』や旱魃、塩分に強い遺伝子組み換えイネこそが南インドで重要な役割を果たす」と紹介した。彼によれば、「有機栽培はせいぜい輸出中心の香辛料やバスマティ米のような限られた作物にのみ有効だ」という。有機栽培について、この国では未だ明確に定義が行われていないが、それでも政策決定に重要な役割を果たす人たちのそのような発言を見れば、政府が有機栽培産物を輸出のみの対象とし、国内の貧しい人々には農薬に汚染された食品か遺伝子組み換え作物しか与えない意図があることが分かる。

その一方で、農民と連携する多くの組織は有機栽培法を推進しており、このことは確実に農村から失われた知恵、生活や農業の主権を取り戻し、自信と健康をとりもどす助けにもなった。農民もまた「国際コメ年」を祝い、GM種子はいらないと訴えている。自家採種した種子で、しかもより低価格で作物を生産し人々に提供できると、彼らは自信を持って語っている。

4　インドネシアの人々にとってコメとは？

ロサナ・デウィ・ラチマワッティ

現在、二億一〇〇〇万人に達しているインドネシアの人々の大半が、コメがなければ生きていくことができない。というのも、インドネシアでの主食の八五％がコメだからである。人々は平均して一日に二～三回食べており、二〇〇三年、国民一人あたりの年間コメ消費量は平均一三〇キログラムである（これは、国全体での年間消費量が二七〇〇万トンになることを意味する）。インドネシアのコメ生産量は、もみ付きの乾燥した状態で五三七〇万トンに達するが、イン

ロサナ・デウィ・ラチマワッティ：インドネシアの自然保護、農業における女性の役割を向上させる運動を行っている財団・ギタ・ペルティイウィ（環境学習プログラム）理事。

インドネシアのコメ輸入：鳥取大学・伊東研究室がまとめた統計データによると、二〇〇二年、インドネシアのコメ輸入量は二七五万トンで、一九九七年には過去最悪の五七七万トンにまで達したこともある。また自給率は、二〇〇一年に、過去最低の九〇・六パーセントまで下がったことがある。

ドネシアがコメを輸入していないということではない。実際、インドネシアは、タイやインドなどアジアの国々や米国から多量のコメを輸入している。二〇〇四年になって始めて、インドネシア政府は、収穫期前にコメ輸入を一時的に停止する政策をとった。この農業開発政策の失敗は、以下のように見ることができる。

過去においてインドネシア政府は、「緑の革命」モデルに依拠して、国全体でコメ生産に力を入れた。その結果、とくにジャワ島やスマトラ島北部およびスラウェシ島南部で、土壌の侵食が始まった。とりわけスラウェシ島は、国のコメ生産の主要地と目されたため多くのプロジェクトが実施されたが、環境破壊や農民の貧困化には注意が払われなかった。農業開発はすでに三五年以上つづけられているにもかかわらず、増大しつづけているコメの消費量に的確に対応できないままである。現在、政府が抱えている問題は、コメの輸入だけでなく、島嶼間の分配の問題、価格の不安定、および農民やＮＧＯによる強い抗議活動などがある。そこで政府は、二〇〇〇年以降、コメの消費量拡大に素早く対応する代替策として、遺伝子組み換えイネに注目するようになってきた。

これまでのところ、インドネシアにおいて遺伝子組み換えイネの存在は、それほど明らかになっていない。その状況は、モンサント社によってスラウェシ島のブルクンバに導入された、遺伝子組み換え綿とは状況が異なっている。

一九九五年以降、ＬＩＰＩ（インドネシア政府科学局）は、遺伝子組み換え技術を用いて、新しいイネの品種を開発した。その中には、土壌細菌のバチルス・チューリンゲンシス（Ｂｔ）の遺伝子を利用してつくられた、茎に穴を開ける害虫に対して抵抗力をもつイネがある。このＢｔ菌の遺伝子は、害虫の消化器系に毒性をもつたんぱく質の結晶をつくり出す。この他にＬＩＰＩは、旱魃に強い、細菌性の白葉枯病に抵抗力をもつイネも開発している。「シロサリ米」とよばれるこのイネは、ＢＡＴＡＮ（インドネシア原子力グループ）が放射線照射技術を用いて開発したイネがもとになっている。現在一〇の地方で、さまざまな実験が行われている。これら政府機関によって生み出された新種のイネのいくつかに対しては、すでに農民団体や消費者協会など多くのグループが強く抗議している。この抗議活動は、農家を調査した結果、遺伝子組み換え綿が農民に大きな損失をもたらしたことが、原動力となっている。

5　いまやイネは多国籍企業が支配

デビンダー・シャルマ

時代はオリザ・サティバとともに歩んできた

一九六六年一一月二八日、ＩＲＲＩ（国際イネ研究所）が開発した高収量で、背丈を短くして倒伏《とうふく》しにくいようにした（矮性《わいせい》）イネの栽培開始が、アジアを飢餓から解放するための闘いだといわれた。この奇跡のコメ「イリ８」が約束した、飢餓からの解放を宣伝するために、ＦＡＯ（国連食料農業機関）は、一九六六年を「国際コメ年」と宣言した。

それから三八年たち、国連は世界でもっとも重要であるこの主食について、二〇〇四年をふたたび「国際コメ年」としたが、このでんぷんの豊かな穀類はかつてない変質を余儀なくされてきたといえる。一九六六年、「緑の革命」の到来を告げた奇跡のコメは、人類の共通の財産である「オリザ・サティバ」（イネの生物学上の名前）という種子をもとにしてつくられた。約一億五〇〇〇年前、ヒマラヤの北と南の斜面に野生のイネのインディカ種が生育していたとされる頃から、イネはおそらく、人間社会にもたらした神からのもっとも偉大な贈り物だったといえる。

世界の半分以上の人々の主食であるコメは、アジア文化の一部であり、アジアの信仰の源であり、突き詰めればアジアの生命なのである。現在もなお世界の九七％以上のイネがアジアで育ち、世界の九一％近くのイネがアジアで生産されており、九二％がアジアで消費されている。イネは世界でもっとも人口の多い四カ国のうちの三カ国（中国、インド、インドネシア）において主食である。この三カ国に住む二五億人以上の人々とともに、イネは歩んできた。何世紀にもわたって世界の半分以上の人々にとって、イネは社会であり、伝統であり、生命線でありつづけてきた。

時代はオリザ・サティバとともに歩んできたことを、私たちは知っている。少し前までは農民、消費者、科学者の誰もが自由にイネを手に入れることができた。約二〇〇〇年前、二〇万種のイネが栽培されていた頃であれ、近年、少数の高収量・矮性イネの品種や、この品種の変異株が栽培されるようになって、飢えとの闘いを始めると告げられた頃であれ、イネはまだ自然の領域にあった。

デビンダー・シャルマ：食料・貿易アナリスト、元「インディアン・エクスプレス」紙主筆、バイオテクノロジーと食料安全保障に関するフォーラム委員長世界が二〇〇四年の国際コメ年を祝い始めた頃、世界有数の多国籍アグリビジネス・巨大企業シンジェンタ社は、すでにイネの知的財産権を主張していた。言いかえれば、世界でもっとも重要な作物である生物学的遺産が、いまやスイスの多国籍企業の手の中にあるということなのだ。

イネは、約一億三〇〇〇年前に野生イネとして出現し、ヒマラヤを越え、南中国を通り抜け、日本にまで達し、アフリカへ伝わり、中東や地中海沿岸地域で取り引きされ、メキシコやアメリカへ船で運ばれ、最後にライン川のほとりあるスイスのバーゼルにたどり着いたのである。シンジェンタ社に独占されるために。

遺伝子特許の争奪戦

数年前、遺伝子特許が大きな問題になった頃、この巨大アグリビジネスは、科学者に対して、イネやコムギ、その他の穀物に商業的関心はない、といいつづけてきた。この企業の関心はイチゴ、切り花、トマトといった利益率の高い換金作物に集中していたのである。この言葉をまともに受けて、遺伝子組み換え作物を開発した大学は、この民間企業に特許を与えた。その時、特許こそが農業と世界の食料システムに対して、もっとも大きな力を与えることを充分認識した上で、イネゲノムの覇権争いが始まったのである。

イネの独占支配にかかわる争いは、その一二の染色体に広がっている。この一二の染色体には、DNAの塩基対が四億三〇〇〇万あり、およそ五万の遺伝子があると予測されている。シンジェンタ社は、アメリカのミリアド・ジェネティック社と共同でイネゲノム解析で塩基配列の九九・五％以上を解析して、イネゲノムをめぐる覇権争いでモンサント社に勝利したのである。シンジェンタ社は、このゲノム地図を入手することに制限を与え、このゲノム情報を使って行われるいかなる研究に対しても独占的な権利を主張する、としている。

シンジェンタ社の重役たちは、『ニューヨーク・タイムズ』紙にこう語った。「シンジェンタ社とミリアド社は、イネゲノム全体にわたる特許取得を行うことはないが、個々の有用な遺伝子について特許をとるだろう、またそうした遺伝子の発見が進むであろう」と断言したのである。

最初はモンサント社が仕掛けた。二〇〇〇年四月、世界的に大きく伝えられたニュースこそが、同社が解析した約六〇％のゲノム地図を、公的資金で行われているＩＲＧＳＰ（国際イネゲノム解析プロジェクト）の下で解析を進めている各国研究者と共用する、と発表したことだった。次に、シンジェンタ社が追いかけた。シンジェンタ社は、明らかに商売になる遺伝子の特許を取ることを検討していると表明した。こうして、自然に存在している「遺伝子」に対する独占的支配をめぐる競争が始まったのである。

グレイン社は二〇〇〇年九月まで、イネの遺伝子特許六〇九を一覧表にまとめていた。そのうち五六％は西側諸国の民間企業と研究所が所有していた。トップにある米国の大企業デュポン社は九五の特許を所有、つづく日本の三井化学は四五の特許を所有していた。今後三年間で、とくにシンジェンタ社によってイネゲノムの構造解析が終了したことから、特許の大半が、一握りの多国籍アグリビジネスの手に握られるようになってしまうことは確実である。

ゴールデンライスを獲得

遺伝子財産を白昼堂々と略奪すること――いうなれば、バイオテクノロジーの世界での海賊行為――が、科学者、国際機関、政策責任者の黙認のうちに、衰えることなくつづいている。CGIAR（国際農業研究協議グループ）は公共の利益のために一五の国際的農業研究センターを管轄しているが、イネにおける最近の展開については、本音では歓迎している。しかも、ロックフェラー財団、生物多様性条約、WIPO（世界知的所有権機関）、さらにFAO（国連食料農業機関）やUNDP（国連開発計画）は、これら民間企業による研究、開発目的の悪辣な計画に抗することに二の足を踏んでいる。CGIARは、一歩進んで、シンジェンタ社を受け入れることさえしたのである。シンジェンタ社に、CGIARがもつ胚形質の世界最大のコレクションを自由に入手することができるようにしたのである。

シンジェンタ社は、後に論議の的となったゴールデンライスに関する独占的な権利を獲得した。知的財産権の放棄を支援し、人道的計画のためにイネの開発を進めることと交換条件に獲得したのである。それまで有償で交換され利用されていた技術に由来する七十数件の特許が放棄されるかどうかについての交渉を、国際社会が見守っているときだった。ゴールデンライスの生みの親であるスイス連邦技術研究所のインゴ・ポトリクス教授は、自分の名が栄養失調の救済者として歴史に刻まれることに執着し、あせっていた。そして、彼は、ドイツのフライブルク大学から分離独立して、一九九九年にグリーノベションという会社を設立し、特許権を、このシンジェンタ社に移譲したのだった。

シンジェンタ社にとってゴールデンライスに対する知的財産権放棄問題は、遺伝子を自由に操ろうとするこの会社の陰謀に、人間的な一面を持たせる効果がある。会社はすでに、発展途上国の年間収入が一万米ドル以下の農家に対しては技術を無償で提供すると発表した。発展途上国にとって、ゴールデンライスはほとんど有用性、実用性をもたないことを熟知した上での、

ＣＧＩＡＲ（国際農業研究協議グループ）：一九七一年にＩＲＲＩが資金難に陥った際に、世界銀行が中心になり、ＵＮＤＰ、ＦＡＯなどが協力して設立された、国際組織。食料安保と貧困撲滅を掲げており、事務局は世界銀行の中に置かれている。四六カ国が参加、ＩＲＲＩなど一五の研究機関が傘下に置かれている。

ＷＩＰＯ（世界知的所有権機関）：一九六七年に設立条約が調印され、七〇年に発足した国連の専門機関。本部はジュネーブに置かれ、特許や著作権などの知的所有権保護のために活動している。本来、地味な役割を担ってきたが、ＷＴＯ設立とともに知的所有権が強化されたことで、権限が強まった。

ＵＮＤＰ（国連開発計画）：一九六六年に設立された、途上国に対する技術援助や、国際機関による融資の事前調査などを主な役割として果たしてきた、国連の専門機関。国連加盟国はすべて加盟することになっており、本部はニューヨークに置かれている。貧困の緩和やエイズの撲滅など六分野を重点項目に掲げている。

実に有効なPRなのである。

シンジェンタ社のインドでの策略

イネを支配するための「探求」は遺伝子の特許取得では終わらない。二〇〇二年、世論からの批判にさらされた結果、インド・シンジェンタ社は、ライプールにあるICAU（インディラ・ガンジー農業大学）との物議をかもした共同研究から手を引かなければならなかった。共同研究によって同社は、大学が保有している一万九〇〇〇系統のイネの栽培品種についての商業権を得られるはずだった。これらの品種は、一九七〇年代に農業化学者のR・H・リシュハリアが苦労して採集したものであった。見返りとして大学は、秘密裏に莫大な資金や特許使用料を受け取ることになっていた。

環境保護論者や一部の科学者は、リシュハリアの収集は国家財産であって、大学の個人所有物ではないし、またデータベースを多国籍企業に対してオープンにすることは「裏切り行為」だと主張して取り引きに反対した。「われわれは、（この共同研究に対して）誤解を招くような間違った非難が起こったことをまことに遺憾と考えている」とシンジェンタ社は語ったといわれている。しかしながら、ここには見逃されている事実がある。シンジェンタ社が目をつけていたのは、リシュハリアのイネ・コレクションだけではなかった。同社はインド国内の多くの農業大学に出向いて契約書を交わし、売り上げの五％を特許権の使用料として支払い、引き換えにハイブリッドライスに対する商業権を行使できるようにしようとしていた。

ＩＴＤＧ（中間技術開発グループ——貧しい国の人々が中間技術を使って小工業を発展させるのを援助する英国の民間組織）のパトリック・マルヴァニーは、生物多様性保護の試みに携わった高名な研究者である。彼は、「国が所有する遺伝資源だけでなく、六〇万以上の植物特許を持つ国際農業研究協議グループの遺伝子バンクも、この一、二年の間に多国籍企業からの圧力が増大し、公的管理下にあっても、その遺伝資源をわずかな金銭に換えるという背信を余儀なくされるであろう」と警告した。植物遺伝資源とは「食料・農業のための植物遺伝資源に関する国際条約」の第二条で、「食料および農業のための現実的または潜在的な価値を有する一切の植物由来の遺伝材料を意味する」と定義されていることにより、これらの遺伝資源は人類共有の財産であり、知的財産権が認められないことは明らかである。

しかしながら、イギリス政府によって組織された知的財産権に関する著名な委員会は早まって、条約一二条三（ｄ）の解釈を、多国間システムのルールの下にある種子から遺伝子を取り出した場合には特許を取得することができる、としてしまった（条約の付属文書㈵にリストされているイネ・小麦・トウモロコシ・馬鈴薯を含む三五種の食用作物と二九種の飼料用作物は多国間システムでカバーされている）。マルヴァニーは以下のように説明した。

「『受領したそのままの形態』という非常に重要な文言の意味は、受領された材料はそのままでは特許権を与えられないが、改変されたもの（どのように定義されようと）であれば特許を許

可するということになる。」（知的財産権委員会報告書、第三章）

一言でいえば、知的財産権委員会といえども食料主権への脅威が潜在的に存在することを予見できなかったということになる。そのような解釈は、発展途上国に対する科学的アパルトヘイトにつながる。結局、農業における製品・製法特許化の流れが強まれば、公的農業研究機関は不利な立場におかれる。遺伝子と生物学的過程への企業支配が進めば、公的農業研究機関は余計なものになる。大学がどんどん民営化され、民間の資金によって生き延びているということは、豊かな先進工業国ではすでに起こっているのである。まず初めに、イネ研究は発展途上国にとって最大の災難になるであろう。少しばかりの企業がわずかな品種を奪い合っているが、本質的にイネはシンジェンタ社の支配下におかれているのである。

二〇〇四年の国際コメ年は、実のところ人類のもっとも尊い遺産のひとつ、イネの私的支配を祝賀することになる。それは世界のイネの地図上に「スイス」の出現を認めることを祝うことなのである。結局はオリザ・サティバが、オリザ・シンジェンタになるということにほかならない。

6　中国で起きたＧＭイネ違法栽培

天笠啓祐

記者会見開かれる

二〇〇五年四月一三日午後二時、グリーンピース・インターナショナルが北京で記者会見を開き、中国で未承認の遺伝子組み換え（ＧＭ）イネが栽培され、流通していたこと、日本など外国に輸出されていた可能性もあることを発表した。グリーンピースは中国政府に対して、ただちにこの未承認ＧＭイネを回収し、流通した原因や汚染の実態を調査するように求めた。

記者会見は緊迫した雰囲気で行われた。当初、政府は、直接的に政府批判を行う会見が行われると考えたようである。中国では、国を直接批判したり、国に直接苦情を申し入れることはできない。今回の記者会見も、違法行為を行った研究者や種子業者の責任を問うことまでに、とどまらざるを得なかった。

記者会見には三〇以上の中国のメディアと、二〇以上の外国メディアが集まり、最終的に中国政府は、二〇〇一年五月二三日に同国国務院が発布した「農業遺伝子組み換え生物安全条例」に基づいて調査を行うことを約束した。中国農業部はこの条例に基づいて、二〇〇二年一月五日に「農業遺伝子組み換え生物安全審査管理指針」「同輸入安全管理指針」「同表示管理指針」の三つの指針を制定し、同年三月二〇日から施行している。

違法GMイネを発見

それはインターネットでの検索から始まった。グリーンピース中国が、「害虫対策」をキーワードに、関連するイネを探していったところ、気になる品種が販売されていた。それはShanyou 63という名で、湖北省で販売されていた。

早速グリーンピースは、湖北省農業促進部に出向き、このShanyou 63の種子を購入したが、そこには遺伝子組み換えイネをあらわす表示はどこにも見られず、害虫を強調する写真が載っているだけだった。この農業促進部は政府管轄で、日本の農協に当たる組織である。グリーンピースは、その種子をドイツの検査会社ジーン・スキャンに送り分析を依頼した。この害虫対策イネの販売促進を行うためのパンフレットもつくられていた。このことから、GMイネとはいわずに農家に販売促進してきたことが分かった。

グリーンピースはさらに、農家を訪れ、そこでコメを購入して、ジーン・スキャンに送った。分析の結果、二五検体中一九検体から組み換えＤＮＡが検出された。その内二検体で蛋白質の特定検査を行ったところ、殺虫毒素 Cry1Ac が検出された。このＧＭイネは、殺虫性（Ｂｔ）イネであった。殺虫性イネは、イネ自体に殺虫毒素を産生させて、害虫を寄せつけなくさせる仕組みをつくり出したものである。

このイネの種子の販売者、農業生産者から聞き取り調査を行ったところ、すでに過去二年間にわたって種子が販売されていることがわかった。

また農業促進部の情報を基に、どの程度種子が売られ、コメの出来具合はどうだったのかを分析したところ、昨年は九五〇〜一二〇〇トンが、市場に流れ出たと見積もられた。中国は世界最大のコメの生産国であるとともに、コメの主要輸出国である。中国農務省の貿易統計によると、二〇〇三年の統計では、コート・デュボアールをトップに、ロシア、パプア・ニューギニア、インドネシアにつづいて日本は第五位で、一二万一七二一トンを輸出している。なお米国農務省の統計によると、二〇〇三年度の日本への輸出量は一二万九九四〇トンで、二〇〇四年度のそれは八万七一一一トンである。

出回ったＧＭイネの種類はインディカ米（長粒種）であり、日本で普通に食べられているジャポニカ米（短粒種）ではないため、主食用としては入っていない可能性が大きいが、加工されて入っている可能性はあると考えられる。

農水省は、日本に輸出されるコメには湖北省で収穫されたものがないため、可能性は低いとする見解を発表した。グリーンピースに問い合わせたところ、隣接の省でも栽培されている可能性があり、そこからは日本へ輸出していることから、この指摘は当たらないと述べている。また農水省は、中国から輸入されたコメの蛋白質検査を行ったが、検出されなかったため、日本には入っていないと発表した。この検査も、まだ遺伝子情報が得られていないため、精確な検査方法をもっておらず、断言できるようなものではない。しかも、輸入されたコメのごく一部を見たものにすぎず、日本に入っている可能性を否定できる内容ではなかった。

中国でGMイネの栽培間近との報道

中国ではかねてから、GMイネ栽培の可能性が取り沙汰されていた。二〇〇四年八月三日付け『ロイター』が伝えるところによると、中国の農業政策に詳しい、米カリフォルニア大学デービス校の農業経済学者スコット・ロゼルが、国際経済研究所主催の会合で、中国がGMイネの栽培試験を始めてすでに五年が経ち、一～二年の内に商業栽培を始めるとの見通しを発表した。他方、IRRI（国際稲研究所）所長も、中国以外にインド、フィリピンでもGMイネの栽培試験が行われており、三～五年でそれらの国々で商業栽培が行われるだろう、とする見通しを述べている。

その際、もし中国でGMイネが栽培されると、GM作物の世界的暴走が始まるかもしれない、と『ロイター』は伝えた。その中国ですでに栽培されていたことになる。

一〇月二〇日付け『ロイター』は、さらに中国科学院農業センター長の黄季焜《ジクン・ファン》による談話を載せ、すでに六年以上もＧＭイネの試験を積み重ねており、二〇〇五年にもゴーサインが出されるだろう、と述べた。

これに対して、南京環境科学研究所の薛達元《ダヤン・キュー》は、Ｂｔ綿が中国の生態系に及ぼす影響を調査しており、ＧＭイネが七万五〇〇〇にも及ぶ在来のイネの品種にもたらす遺伝子汚染に強い懸念を示した。

一一月一八日付け米『エコノミスト』誌は、中国バイオセーフティ委員会がＧＭイネを承認する可能性が強まったと報道したが、翌一二月には、同委員会がＸａ21イネを承認、まもなく中国政府も認可するのは確実と見られている。

『エコノミスト』誌は、中国でＧＭイネを開発した科学者に、日本や韓国でＧＭ食品に対する抵抗感が強いことについて尋ねている。それに対して、科学者は「コメに関しては両国への輸出量が少ないため、問題ないと判断している」と述べている。

もし中国政府がＧＭイネを認可すると、モンサント社がＧＭイネを中国に売り込む動きが始まり、インド政府のＧＭイネ認可に向けた動きが起き、スイス・シンジェンタ社のアジア全体へのＧＭイネの売り込みにも拍車がかかりそうだ。

現在中国では、ＧＭイネが三種類開発されている。一つは、今回、不法栽培が明るみに出た殺虫性（Ｂｔ）イネで、害虫に対する抵抗力を持たせた品種である。湖北省武漢市にある華中農業大学の研究者によって開発されたものである。同イネに用いられている殺虫毒素は二種類（Cry1AbとCry1Ac）で、今回はモンサント社のチョウ目害虫抵抗性ワタと同じ殺虫毒素（Cry1Ac）産生遺伝子が検出された。

二つ目が、中国科学院が開発したＣＰＴＩ（ササゲ・トリプシン・インヒビター遺伝子導入）イネで、ニカメイガの幼虫の成長抑制効果を持っている。

三つ目が、すでに真っ先に承認されたＸａ21イネで、胴枯れ病などの細菌病に抵抗性をもっている。このＸａ21イネは、中国農業科学院の黄季焜が八年間にわたり研究・実験してきたハイブリッド・ジャポニカ種で、安徽省で商業生産を申請する予定になっている。カリフォルニア大学のパメーラ・ロナルドが、一九九五年にアフリカのマリでイネの野生種からこのＸａ21遺伝子を発見した。このＧＭイネは、ＩＬＴＡＢ（国際熱帯農業バイオテクノロジー研究所）も参加し、国際協力で作り出された。

そのＸａ21イネよりも早く、Ｂｔイネの方が、栽培され市場に出回っていたことになる。この殺虫性イネは、おもにサンカメイガとコブノメイガに対して効果があるとされている。

今回発見されたＢｔイネが産生する毒素（Cry1Ac）は、アレルギー性疾患を引き起こす可能性があり、また生態系への影響や食品としての安全性に関しても評価されていない。その他にも、Ｂｔイネには多くの問題点がある。食品としてアレルギーを引き起こす可能性があるだけでなく、フィリピンの栽培農地の周囲で起きたケースでは、花粉が飛散することで周辺の人たちにアレルギー様症状を引き起こすことも分かっている。

また、殺虫毒素が、害虫だけでなく、蜜蜂やテントウムシのような益虫にも悪い影響を起こすことが知られている。さらには殺虫毒素が土壌中に分泌されることで土壌微生物に悪い影響があるだけでなく、長期間栽培されれば回復困難な土壌汚染が起きる可能性もある。耐性害虫の増加に伴って、使用する農薬の量が増大していき、環境汚染の悪化を招くことになる。

中国はイネの原産国

中国の場合、さらに独自の問題がある。それは中国がイネの原産国であり、もっとも古くから稲作が行われてきたことにも象徴されるように、野生種が多く、生物多様性にあたえる影響が甚大である、という点である。

今回ＧＭイネの種子が販売され、栽培されていることが分かった中国湖北省は、長江の中流にある洞庭湖の北に位置することから、このような名前で呼ばれている。省都は武漢で、南北に走る北京と広州・香港を結ぶ道路と、上海・重慶を結ぶ水路が交差する、交通の要衝にある。湖が多く、千湖の省という名前を持つ。洞庭湖は湖南省にあり、その周辺から北にのびる、湖北省江漢平原一体は、中国でも有数のコメどころである。

中国は、イネの原産国で、その南部に遺伝子中心をもっている。遺伝子中心とは、もともとその生物があった地域を指す。イネがもともとあった遺伝子中心は、中国南部の雲南省のあたりから、ラオス、タイの北部、インドのアッサム地方あたりで、遺伝子資源の宝庫であり、この地域の野生種は日本でも多数収集・保存されている。

その雲南省・アッサム地方から、主に三つの流れに沿って稲作が広がっていった。あるものは長江沿いに広がり、やがて日本にも波及していった。あるものはメコン川沿いに広がり東南アジア全体に波及していった。またあるものはインドに広がっていった。

稲作の起源は中国にある。中国の南部と並び長江沿岸地域も、イネの野生種の宝庫であり、江西省や湖南省あたりでも野生種は発見されている。紀元前五〇〇〇年ころのもっとも古い稲作の遺跡が、長江下流の浙江省で発見されている。代表的な遺跡に河姆渡《かぼと》遺跡がある。GMイネは、稲作の故郷を汚染し破壊する危険性が強まったといえる。

遺伝子中心にあるイネは酵素の種類が多様である。品種を改良すると、人間にとって有用な形質しか残らず、その他のものは次々と落とされる。酵素の種類が偏ったものになってしまう。その多様性が、野生生物を保護する意味に重みを加えている。例えば、新しい病気が発生したときに、日本のイネにそれに対する抵抗性がないとき、その遺伝子中心のイネにはある場合が多い。

現在、メキシコ南部オアハカ州にあるトウモロコシの原生種が、GMトウモロコシに組み込まれた遺伝子によって汚染され、その多様性が奪われる危険にさらされている。そして、さらにGMイネによって、中国の原生種が危機にさらされる可能性が出てきた。

ＧＭ大国中国

中国はアジアで最大のＧＭ栽培国であり、開発国である。現在ＧＭ作物で栽培されているのは、綿である。一九九七年よりＢｔ綿が栽培されてきたが、二〇〇四年の栽培面積は三七〇万ヘクタールに達し、全綿栽培面積（五六〇万ヘクタール）の六六％を占めるに至った。

その開発大国・規制小国の実態を反映して、イネ以外に、数多くの作物で栽培の可能性が出てきている。二〇〇四年八月には、ＧＭジャガイモ栽培の可能性も示唆される報道があった。それはカナダのＧＭ企業ペン・バイオテク社が、二〇〇五年には、中国に対してＧＭジャガイモの種イモを五九〇トン輸出する契約を結んだ、と発表したもの。この種イモは、韓国のバイオサイエンス・バイオテクノロジー研究所が開発したもので、通常の品種が三二週で収穫されるのに比べて、二四週で収穫できるものだ、と述べている（『パシフィック・ビジネス』、二〇〇四年八月一〇日）。

アルゼンチンの首都ブエノスアイレスで開催された国連・気候変動に関する国際会議に際して、市民団体が集まり会議を開いた。同会議は、主に排出権取引で、二酸化炭素の排出とＧＭ樹木の植林が取引できるようにしたことに抗議するのが目的だった。

二〇〇四年一二月一六日に記者会見が持たれたが、その中で、クリス・ラングによって書かれた、地球の友インターナショナルの報告書「ＧＭ樹木、森林への最後の脅威」が示された。

そこには、国連のFAO（食料農業機関）とUNDP（国連開発計画）のプロジェクトが、中国で一五〇万本を超えてGM樹木を植えていることが述べられていた。クリス・ラングは、国連にくり返し情報の公開を求めてきたが、いつも回答は拒絶されたと述べている（『バーモント・ガーディアン』、二〇〇四年一二月一八日）。

作物や樹木だけではない、家畜での開発も進められている。中国山東省梁山県にある家畜試験場で、人間の蛋白質を乳に含むように遺伝子を組み換えた牛が誕生した。中国農業大学と地元の企業が共同で開発したもので、二〇〇五年一月三日、五日に相次いで二頭誕生した。牛乳にヒトラクトフェリンが含まれるため、鉄分が増加する。健康食品として販売するのが目的と思われる（共同通信、二〇〇五年一月五日）。

そんな中で、中国の消費者の間では、GM食品を食べたくないと思う人が増えつづけている。市場調査企業IPSOSが行った北京・上海・広州の三都市での調査では、非GM食品を選択すると答えた消費者が増加していることが分かった。GM食品について知っている人は六二％（昨年は五二％）、非GM食品を選ぶ人は五七％（昨年は四〇％）、GM食品を選ぶと答えた人は一六％（昨年は三五％）だった（グリーンピース中国、二〇〇五年三月一四日）。

遺伝子組み換え作物の状況は、欧州で抵抗が強まり、米モンサント社の世界戦略が行き詰まる中で、いまGM大国・中国の動向が注目されてきている。このGMイネ違法流通に対する同国政府の対応が注目される。

7　日本でのＧＭイネと市民の闘い

天笠啓祐

ＬＬライスの申請を止める

日本では、市民団体が積極的に遺伝子組み換えイネに反対して抗議行動に取り組んできた。最初は、ＬＬライス（リバティー・リンク・イネ）への反対運動からスタートした。

二〇〇一年六月七日、アベンティス・クロップサイエンス・ジャパン社（現在のバイエル・クロップサイエンス・シオノギ社）に対して、「遺伝子組み換え食品いらない！キャンペーン」（以下、キャンペーン）のメンバーが、ＬＬライスの申請阻止を目的に抗議行動を行った。同年五月二七日付け『朝日新聞』に、「アベンティス社がＬＬライスの食品としての申請を厚生労働省に、飼料としての申請を農水省に出す」という記事が掲載され、その動きが明るみに出たのが、きっかけだった。

その後、同キャンペーンと「ストップ！遺伝子組み換えイネ生協ネット」（関西生協連・グリーンコープ連合・生活クラブ連合会が結成）が共同で、同年一〇月五日に抗議行動を展開、LLライスを食品・飼料目的で申請しないことを確約させた。これが遺伝子組み換えイネに反対する運動が全国化するきっかけとなった。

モンサント社のイネを開発断念に追い込む

二〇〇二年七月六日、一一月一七日、二度にわたって名古屋で全国集会が開催された。その時に集められた署名の数は、五八万余筆に達し、その集会と署名が、モンサント社と愛知県が共同で開発してきた、除草剤耐性イネ「祭り晴」を中止に追い込んだ。

同年一二月五日に開かれた愛知県議会で、愛知県農林水産部長は正式に共同開発中止を確約した。一週間後に、キャンペーンのメンバーが日本モンサント社を訪れ、正式に「祭り晴れ開発断念」を確約させた。この開発中止が、モンサント社のアジア戦略を頓挫させた。

同社の除草剤耐性イネにはひとつの弱点がある。使用する除草剤のラウンドアップが水に弱いことから、水田では使い難い点である。米国では畑でつくる陸稲が主力であり、この弱点は問題にならないが、アジアの生産方式である水稲になると話が違ってくる。そこでモンサント社が目を付けたのが、「愛知方式」と呼ばれる乾田直播方式だった。乾田に直接種子を撒き、後で水を入れる独特の方法で、田植えを行わなくてすみ、農繁期を分散化できるメリットがある。この方式を用いると、水をはる前に、水に弱いラウンドアップを使いこなすことができる。そこで愛知県農業試験場と共同でジャポニカ種の「祭り晴」で開発を進めてきた。アジア戦略を睨んだ、このイネの開発が挫折したのである。

岩手県が開発したイネを中止に追い込む

日本での遺伝子組み換え作物開発は、農水省、自治体、民間企業いずれも、イネを中心に進めてきた。その遺伝子組み換えイネの栽培実験をめぐって、推進側と市民とが激しく衝突を繰り返してきた。

愛知ショックの波紋は大きく、それまで遺伝子組み換えイネを開発していた三菱化学・三井化学・日本たばこ産業・キリンビールの日本の民間企業四社は、ことごとく撤退するか、撤退表明を出した。もともと特許の大半をモンサント社が掌握していることから、種子を開発しても多額の特許料を支払わざるを得ず、競争力を持つことができないため、参入が難しかったことも撤退の理由のひとつだった。

自治体も、愛知県を筆頭にGM農作物開発予算を大幅に削減した。残された自治体が岩手県と島根県だった。前者はイネ、後者はメロンを開発していた。

二〇〇三年一一月二九日、岩手県盛岡市にて、「遺伝子組み換え作物いらない全国集会in岩手」が開催された。この日までに集まった四〇万筆を超える署名が、集会の壇上に積み上げられ、デモの後、岩手県農林水産部に運び込まれた。

署名提出の際に、県農林水産部長は、今年野外実験を行った遺伝子組み換えイネの実験を、当初計画を短縮して、同年中で中止することを明言した。さらに、今後一切、遺伝子組み換えイネの野外実験を行わないことも明言した。愛知県でモンサント社のイネが中止になったのにつづく、中止の表明だった。

島根県も市民団体の要請に応えて、遺伝子組み換えメロンの開発を断念した。二〇〇三年一二月七日に出雲市で行われた「島根の農業と遺伝子組み換えを考えるシンポジウム」で、島根県農業試験場の生物工学科長が、栽培実験中止を明言した。これで自治体の農業試験場での遺伝子組み換え作物は、食用（花卉を除く）に関してはほぼ壊滅状態になった。民間企業が撤退、自治体も撤退した。多国籍企業を除くと、日本で開発を進めているのは国だけで、農水省の研究機関（現在は独立行政法人）によって開発が進められている。

北海道では条例がつくられ、茨城県では方針が出される

二〇〇三年四月、農水省は三件の遺伝子組み換えイネの野外試験を承認した。すでに述べた岩手生物工学研究センターが開発した低温耐性イネ以外に、農業生物資源研究所が開発した、高光合成能力イネ、農業技術研究機構・作物研究所が開発した、トリプトファン高蓄積イネだった。

実験中の遺伝子組み換えイネ（農業生物資源研にて）

その他に、香川県善通寺市にある独立法人・近畿中国四国農業研究センター四国研究センターで、縞葉枯病抵抗性イネが、二〇〇一年から三年間にわたって試験栽培されてきた。これは環境への影響を調べるモニタリング試験である。

二〇〇三年には、この四件の実験が行われた。農業生物資源研究所が開発した高光合成能力イネは、北海道農業研究センターで実験が行われたことから、北海道内で反対運動が強まり、「北海道遺伝子組み換えイネいらないネット」がつくられた。同年七月に行われたカナダの農家シュマイザーさんによる北見市、札幌市での講演が、大きな力となって、遺伝子組み換え作物栽培規制を求める声が決定的になった。この規制の動きにはずみをつけたのが、全国から寄せられた約四〇万の署名だった。その結果、二〇〇三年一二月五日の道議会予算特別委員会で、遺伝子組み換え作物栽培規制を含んだ条例をつくることが示された。

二〇〇五年三月二四日、日本で初めて北海道道議会が、この栽培規制条例を可決成立させた。二〇〇六年一月一日から施行され、これによって北海道では遺伝子組み換え作物の商業栽培が事実上不可能になり、研究・開発も一定の制約を受けることになった。

茨城県でも、香川県でも、地元の生産者・消費者が反対運動を行い、遺伝子組み換えイネ反対運動は、栽培されるところで必ず展開されるという、状況にまで発展してきた。

茨城県は、二〇〇四年三月四日に「遺伝子組換え農作物の栽培に係る方針」をつくり、そこで野外で栽培を行う場合、近隣の農家の了解を得ることと、他の農作物への交雑防止を求めた。しかし、これは指針や条例よりも、はるかに規制力の乏しい方針にとどめた不十分なものであった。その他に、滋賀県と岩手県で二〇〇四年に、遺伝子組み換え作物の商業栽培を規制する指針が作られ、自治体の間で規制の波が広がり始めたのである。

増えた栽培試験、相次ぐ試験中止

二〇〇四年二月から生物多様性条約カルタヘナ議定書国内法が施行され、野生生物への影響評価が義務づけられたことから、新たな状況が出現した。多数の遺伝子組み換え作物の栽培実験が、各地で次々と計画され始めた。

というのは同法律によって、従来の環境への影響評価、食品の安全性評価に加えて、野生生物への影響評価が義務づけられたためである。各地で新たに栽培実験が行われるとともに、同法律の施行に合わせて、旧農水省の研究所（現在は独立行政法人）で行われる野外実験に関する指針がつくられ、周辺の農地との距離をとること、情報公開を行い、住民の理解を得ることなどが求められ、各地で説明会が開かれた。その説明会で、栽培を進める企業や研究者と、栽培に疑問をもつ住民・消費者・農家の間で論争が起き始めた。

その説明会で、実験計画者は、参加者からの質問にほとんど答えられないという事態に陥った。そのため東京都西東京市にある東大大学院の農場の圃場で行われる予定だった遺伝子組み換えジャガイモの実験は、農場長自らが中止を宣言することになった。また、茨城県牛久市にある植物調節剤研究所の圃場で行われる予定だった、シンジェンタ社の殺虫性トウモロコシと、デュポン社の除草剤耐性・殺虫性トウモロコシも安易な説明と強引な運営が原因で紛糾し、二度目の説明会が開けず、栽培試験は中止になった。

神奈川県平塚市にあるＪＡ全農営農・技術センター圃場で計画された、農業生物資源研究所が開発したスギ花粉症対策イネの試験も、五月八日に説明会が開催され紛糾し、その後、神奈川県知事が栽培自粛を呼びかけたこともあって、五月二六日、ＪＡ全農は自主的に野外での栽培試験の中止を発表、温室内の実験にとどめると発表した。

その後、キャンペーンがＪＡ全農と交渉を持ち、二年後にＪＡ全農はスギ花粉症対策イネから撤退することを約束した。

日本での遺伝子組み換えイネに対する反対運動は、大きな成果を上げてきたが、推進側も手をこまぬいて見ているわけではない。実際、二〇〇四年には三つの遺伝子組み換えイネが茨城県つくば市の圃場で野外実験された。農業生物資源研究所が開発した、耐倒伏性を主目的にした直立葉半矮性イネと半矮性イネ、そして作物研究所が開発したトリプトファン高蓄積イネである。

新潟で反対運動広がる

二〇〇五年には、直立葉半矮性イネと半矮性イネが前年に引きつづき野外で栽培実験が行われたのに加えて、東京大学が開発した「鉄分欠乏（アルカリ）土壌耐性イネ」が東北大学の圃場で実験を開始した。スギ花粉症対策イネもつくば市の圃場で野外実験栽培が始まった。

この年、最大の焦点になったのが、新潟県上越市にある中央農業総合研究センター・北陸研究センターで行われた「いもち病及び白葉枯病抵抗性イネ」の圃場試験で、周辺農家、地元だけでなく全国の消費者が強く反対し、地元自治体・ＪＡの理解も得られないまま、栽培が強行された。

このイネは、カラシナ由来の抗菌性蛋白質（ディフェンシン蛋白質）をつくり出す遺伝子を用い、複数の病気に抵抗性をもたせたイネである。遺伝子を導入したおコメの品種には、同センターが開発した「どんとこい」が使われた。

周辺農家がもっとも心配したのが、野外の圃場を用いて試験を行うため、花粉が飛散して周囲に意図しない形でＧＭイネができることだった。隔離圃場とはいっても、金網で囲われているだけであり、風も昆虫・鳥も自由自在に出入りし、花粉が飛んでいく点では、一般圃場と変わらない。もっとも近い農家との距離はわずか二二〇メートルである。交雑防止措置を取ることになっているが、人為的なミスは起き得る。

四月二九日には地元で、五月二四日には国会の参院議員会館で、研究者による説明が行われたが、参加した農家・消費者から強い批判の声が上がった。地元農民・自治体・消費者の理解が得られまいまま、五月三一日に「苗が大きくなりすぎた」という理由で第一次田植えが行われた。この田植えされたイネは、病気への抵抗性を見るためのもので、開花前に刈り取られた。

さらに六月二九日には第二次田植えが行われた。このイネは、開花させ種子を採るためのもので、周囲のコシヒカリと開花時期が重ならないように、遅れて田植えが行われた。試験栽培目的は、「系統選抜」にあり、五系統七種類のＧＭイネが作付けされ、多数ある系統から効果のあるものを選抜する予定である。

その直前の六月二四日、田植えの差止め仮処分が提訴された。申し立てたのは、上越市の農家と、現地のお米を購入している新潟の生協の組合員の計一二名で、実験用農地を管轄している新潟地裁高田支部に提訴した。申し立ては、ＧＭ技術の危険性に加えて、野外試験栽培が正当化されるために必要な条件を満たしていない、という理由に基づく。ＧＭイネの田植えの中止、田植えしたイネの刈り取りを求めるとともに、いもち病や白葉枯病のバクテリアを噴霧する試験の中止を求めた。日本で初めてのＧＭ作物・食品の裁判である。八月一七日に判決が出て、却下の判断が下されたものの、研究所側の情報公開の不備や説明責任の不正を指摘する、異例の見解が付け加えられた。

新潟県では、県知事も反対の意向を示しており、七月二一日には、新潟県市長会（会長・森民夫長岡市長）が、ＧＭイネの野外栽培試験中止を求める決議を全会一致で可決した。しかし、研究所は試験を続行している。

このほかにも農業生物資源研究所が、健康食品でブームになっている「コエンザイムＱ10」産生イネなどを開発し、研究機関と市民との軋轢はさらに強まりそうだ。

第3章　討論・食料主権

1 国際コメ年と食料主権

天笠啓祐

国際コメ年とは?

国連は二〇〇四年を国際コメ年と定め、世界各国でさまざまなイベントを行った。日本でも農水省が、さまざまなイベントを行ってきたが、もっとも重要な行事として、多額の予算を組んで、一一月四〜七日に世界イネ研究会議を開催した。主催は農水省だが、IRRI(国際イネ研究所)などが共催した。

二〇〇四年は一年を通して、農水省内いたるところにポスターが貼られ、そこには「おコメ、私たちの命」というキャッチフレーズが書かれていた。減反政策などで、おコメを大切にしてこなかった農水省が、このようなキャッチフレーズを打ち出しても、誰も信用しないことをご存知ないようである。

つくば市の農業生物資源研究所を見学するシンポジウム参加者

世界イネ研究会議の期間内にあたる一一月五日、アジアから来た人たちを含め総勢一〇〇人ほどが、農業生物資源研究所のジーンバンクを見学した。このジーンバンクは世界中から種子を集め、保存し、有料で配付している。現在、一二万種の種子が収集・保存されているが、そのうち、三万種がイネの種子である。その種子の多くが日本やアジアの農家から集めてきたものである。

「その際どのような条件でもらうのか」と、マレーシアから来たカーステン・ヴォルフさんが、同研究所の説明者に問い質したところ、研究者の一人は「いま担当者がいないから分からない」と答え、別の研究者は「信頼関係です」と答えた。以前、話を聞いた際には無償でいただくと答えていた。その種子を用いてイネゲノム解析が進められている。見つけた遺伝子を用いて、遺伝子組み換えイネを開発した際、その種子の権利は開発者に属し、提供者には何の報酬も権利もなく、高額な種子代を支払わなければ使用できない。この理不尽さを問い質したのである。

この問答に国際コメ年の問題点が集約されている。世界イネ研究会議は、イネゲノム解析と遺伝子組み換えイネ開発を主な目的に開催された。イネゲノム解析とは、イネの全遺伝子の解読のことであるが、解読した遺伝子は特許になり、多国籍企業等の所有物になる。その遺伝子を用いて開発した遺伝子組み換えイネもまた、その特許をもつ企業等の所有物になる。多国籍企業によってイネが支配されてしまうのである。

今年だけコメを大切にするの？

世界イネ研究会議に対抗して日本でNGO会議を開けないか、ＰＡＮ－ＡＰ（農薬行動ネットワーク・アジア太平洋）から遺伝子組み換え食品いらない！キャンペーンに問い合わせが来たのが、二〇〇四年初夏のことだった。

ＰＡＮ－ＡＰは、マレーシアに本部がある市民団体で、先進国で禁止された危険な農薬が第三世界に押しつけられていることに対して闘ってきた。現在は、食料主権を目指し、種子支配やGM作物開発など、多国籍企業による第三世界の食料の支配、農業や環境の破壊に対して闘っている。

GMイネをテーマに行われたシンポジウム

こうした経緯から、一一月二〜五日に国際コメ年NGO行動が取り組まれた。主催は、国際コメ年NGO行動実行委員会とPAN−APの共催ということで、日本で初めてアジア規模で、遺伝子組み換え作物に反対して、シンポジウムなどを開催することになった。アジア各地から多くのゲストがやってきた。また、スイスからはグリーンピース・インターナショナルのブルーノ・ハインツァーさんがやってきた。

次に掲載するシンポジウムは、一一月三日に開かれた「徹底討論・食料主権」である。翌四日に開かれた「遺伝子組み換えイネ」をテーマにしたシンポジウムの中で、マレーシアから来た農薬行動ネットワークのカーステン・ヴォルフさんが的確な表現で、国連の国際コメ年を表現した。「日本には母の日があります。母の日だけお母さんを大切にしますか。今年だけコメを大切にするのが国連なのです」。

農民のコメをつくる権利が奪われる

インドからきたデビンダー・シャルマさんは、国際コメ年について次のように述べた。「以前一九六六年にも国際コメ年が提唱されました。その時はIRRI（国際イネ研究所）が、緑の革命の成果であるイリ米を開発させたときでした。多国籍企業が開発した高収量品種の種子は、農民のコメをつくる権利を奪い、飢餓を広げました。そのイリ米を売り込むために設定したのが、最初の国際コメ年でした。二〇〇四年、国連がふたたび提唱した国際コメ年も、やはりIRRIが主導し、今度は遺伝子組み換えイネを売り込むために設定されました。しかも種子の権利は、スイス・シンジェンタ社などの多国籍企業が握っています。遺伝子組み換えイネが売り込まれれば売り込まれるほど、農民のコメをつくる権利は奪われていきます」。

南インドから来たウシャ・ジャヤクマールさんと、インドネシアから来たロサナ・デウィ・ラチマワッティさんは、それぞれの国で、農民によって受け継がれてきた種子が、多国籍企業によって開発された種子に取って代わられ、農業が支配されてきた現実を述べた。

ウシャさんは、「南インドではいま、旱魃や害虫の発生、洪水によってコメ不足となり、コメの価格が上がり、皮肉にもコメをつくっている貧しい農家がコメを食べられない状況です」と述べた。

国際コメ年のシンポジウムにて

ロサナさんは、「インドネシアが進めてきた緑の革命によって、豊かだった土壌が浸食され、それに農民の貧困化が重なり、本来は必要のないコメの輸入が増大しています」と述べた。そのコメ輸入増大の克服策として、政府は、本来の農業に戻すのではなく、遺伝子組み換えイネを導入しようとしているというのである。

次々と遺伝子組み換えイネ開発へ

アジアから来た人たちの主張は、次のように集約できる。

国連が提唱した国際コメ年からは、肝心の農民が排除されてきた。これが第一の問題点である。逆に、農民のコメをつくる権利を奪うことにつながるのでは、と警戒感を強めている。

第二の問題点は、国際コメ年の中心に位置して活動しているのが、緑の革命や遺伝子組み換えイネ開発で世界の先導役となっているＩＲＲＩであり、その目的は遺伝子組み換えイネの売り込みにある。

第三の問題点は、いまや種子の権利は農民ではなく多国籍企業によって握られており、イネゲノム解析（遺伝子の発見）で先頭を走っているのはスイス・シンジェンタ社である。これまでコメはアジアの農家のものだったが、いまやスイスの企業のものになりつつある。そのシンジェンタ社がＩＲＲＩと共同で開発した、ベータカロチンを増やした「ゴールデンライス」をアジアに売り込むのが、国際コメ年の主目的である。

その後、事態は新しい展開を見せ始めている。シンジェンタ社はベータ・カロチンの量を増やした次世代のゴールデン・ライスを開発して、批判をかわそうとしている。モンサント社は、いつでも除草剤耐性イネを売り込む態勢にあり、虎視眈々と狙っている。

日本では、農業生物資源研究所など旧農水省の研究所が、花粉症対策イネ、コエンザイムＱ10生産イネ、トリプトファン高蓄積イネ、複合耐病性イネなど多様なイネの開発を進めている。農業生物資源研究所はまた、イネゲノム解析でも、シンジェンタ社と競って先頭を突っ走っている。

新しい展開を見せ始めている遺伝子組み換え作物推進勢力に対して、アジアの農民や市民団体は共同で栽培阻止に向けて動き始めている。遺伝子組み換えイネに対抗しなければ「食料主権」は確立できない。それがアジアの人々の声である。

２　徹底討論・食料主権

デビンダー・シャルマ、ウシャ・ジャヤクマール、ロサナ・デウィ・ラチマワッティ、カーステン・ヴォルフ、ソン・テス、山浦康明、御地合二郎、司会・大野和興

世界中の農家が農業ができなくなっている

大野和興　本日は、食料主権について徹底討論を行いたいと思います。アジアから多数の方をお招きしております。それぞれの立場から発言をお願いいたします。まずインドからこられたデビンダさん、お願いいたします。

デビンダー・シャルマ　一九九五年一月一日にＷＴＯ（世界貿易機関）が設立されました。そのときインドの新聞に、次のような一コマ漫画が出ました。ボンベイを想定したような大都会に、二人の男が立っていました。高層ビルがあり、コカコーラやカーギル、モンサントなど

デビンダー・シャルマ：食料・貿易アナリスト、元「インディアン・エクスプレス」紙主筆、バイオテクノロジーと食料保障に関するフォーラム委員長現出しつつある。

大企業の広告があって、その中で一方の男がWTOとは何ですか、と尋ねています。他方の男が、皆さんを乗っ取ることですよ、と述べている。いまから見ますと、まさにそのとおりだったのです。

ここに二つの話があります。一つはアメリカでのことで、レーガン大統領の時代、もしアメリカのあり余る農産物を輸出することができなくなったら、補助金によってアメリカの農業は崩壊してしまうのじゃないか、といわれていました。もう一つは、二〇〇三年メキシコ・カンクンで開かれたWTO閣僚会議のさい、韓国の農民が自殺しました。この二つの話は、結局二つの問題を解決しなければならないことを意味します。一つはアメリカとヨーロッパにおける過剰生産、もう一つは第三世界の農民が食料自給を奪われ、もっと生産しなければ生きていかれないという状況です。

アメリカとヨーロッパは過剰生産のはけ口として市場をどうやって見つけるかという点ですが、できるだけ第三世界の農民がいなくなる政策を実行したい。それを可能にするためには、発展途上国の食料安全保障と食料主権を破壊しないとできません。かなり長い間、日本は大量の食料を輸入していますが、それは日本だけの話ではなく、発展途上国のほとんどが、食料を輸入しています。それは失業を輸入するのと同じことです。

ここ一〇年間に五四カ国が食料輸入国になりました。インドは農産物を世界でもっともたくさん生産している国の一つで、六億の農民がいます。世界の中の農民の四分の一が、インドの農民です。WTO設立前はインドの自給率は一〇〇％でした。一〇年間でインドの農産物輸入量は一〇倍になりました。国内で農産物が生産しにくくなってきました。インドでは農民が農地を放棄して、都市へ移住する現象が起きています。インド政府はヨーロッパとアメリカの多国籍企業によって農作物が作られ、それを輸入すればよいと考えています。

デビンダー・シャルマ

いま、世界中の農民が社会の負担になってきているということです。日本も韓国もインドもアメリカも、農業生産者は好まれていません。自給率向上も好まれていませんし、食料主権も好まれていません。WTOもFTA（自由貿易協定）も、農民を邪魔者だと脇へ押しやる組織としてつくられています。農民がいなければ多国籍企業の支配がより強まります。

日本でも農業生産者はいらなくなっています。日本はアメリカよりも、早いスピードで農民が減少しています。アメリカでは刑務所に入っている人の方が、農民より多い。日本はそんなに刑務所に入っている人はいないものの、農民は一、二%くらいでアメリカの割合と同じくらいでしょう。私たちの直面している課題は、農民が農業をつづけることができるか、というところにきています。農民が農業をできなければ、食料主権や、国内で食料をつくることはできません。農民や農業を守ることで、これから起きるであろう大きな環境破壊も阻止できます。

これからの最大の環境問題は、農業です。今後一〇年で、四億人の農民が失業することが予想され、中国でも億単位で農民が失業し、世界史の中で大きな人間の異動が起きることが予想されています。日本ではそれが早く起きてしまっている。だから、日本の教訓は世界で生かされ、生産者をいかに守るかのヒントを与えてくれるでしょう。

発展途上国では、生産者は同時に消費者です。生産者を守らないと良い消費者運動ができません。ですから、私たちは一緒になって、世界の生産者、農民を守る運動に取り組みましょう。それは皆さんの食料主権を守ることです。アメリカやヨーロッパ、日本から始まったプロセスを逆行させなければいけません。ここで一つ言いたいことは、世界の生産者はいま、お互いに紛争し合うように強いられています。日本の生産者はアメリカから安い農産物が入ってくることを心配し、韓国ではより安いものがアメリカや中国から入ってくることを心配しています。インドネシアでは農民はアメリカやベトナムから安いものが入ってくるから問題だといっています。インドやジャマイカの生産者はヨーロッパから安い牛乳が入ってくることを心配しています。私たちが気をつけなければならないことは、誰かによってお互い争うように仕向けられていることです。農民は団結しなければいけません。生き残ることです。他に失うものは何もありません。食料主権を守るためには、生き残ることであり、それ以外に道はありません。

インドネシアから女性の目線で

大野和興　日本では年間に自殺する人の数は農民になる人の数より多いと言う現実があります。次にインドネシアからこられた、ロサナさんお願いいたします。

ロサナ・デウィ・ラチマワッティ　皆さんは農業問題とともに、女性問題についても関心をもっておられると思います。私はここで、「持続可能な農業と女性」というテーマで話をしたいと思います。

まず、高収量のハイブリッド品種によって種子支配が強まった、緑の革命の影響について述べたいと思います。緑の革命はアジアのいろいろな国の政府が関わって進められました。一九六〇年代後半状況は、貧しい人たちの多くが、基本的な食料さえなかった時代です。そのためインドネシアで問題になっていたのは、農業の発展と家族計画でした。それに乗って、緑

ロサナ・デウィ・ラチマワッティ：インドネシアの自然保護、農業における女性の役割を向上させる運動を行っている財団・ギタ・ペルテイウィ（環境学習プログラム）理事

の革命が進行しました。

緑の革命が各地に浸透し、伝統的な農業のやり方からハイブリッド品種による新しい方式に変わっていきました。それまでの地元で種子をとってきた方法から、種子を購入するよう変化を強いられました。伝統的に使っていた農具なども変わっていきました。肥料や農薬なども使うようになりました。ここでの最大の問題は、農民が翌年撒く種子を自分で取れなくなったことです。

こうしてインドネシアの農業生産力は、表面的には発展を遂げてきました。しかし、この成功物語も、インドネシアの女性やコミュニティには成功をもたらしませんでした。伝統的な農業では、女性は政治や経済活動にアクセスできませんでした。女性は農業を行っていましたので政治や経済に対してアクセスできなかったのですが、その伝統的な農業もなくなってしまい、女性は収入もなくなってしまいました。緑の革命によって、水や土地などの自然が農薬などで汚染されてしまいました。また天敵となる動物も減ってしまい、また、世界第二位、三万種を誇っていた植物や動物の多様性も減りました。

このような状況に対して、途上国のNGOは持続可能な農業をめざして活発に活動していきます。この持続可能な農業では、かなり大幅な変革が必要で、いままで農薬を使っていた人たちが、無農薬、オーガニックに農業の方向を転換させています。方向転換といっても、インドネシアでは多くの人が、急激な転換ではなく、徐々に転換する方法を採用しています。買わなければいけない緑の革命のハイブリッド種子から、自家採種した種子に変えたり、農薬をどう減らしていくかを考えながらやっています。インドネシアでは農家は平均して〇・二ヘクタールしか土地をもっていないため、急激に変えると収量が一時的に大きく落ち込む可能性があるのです。そのためゆっくりと変えていくようにしています。

持続可能な農業を進めるためには、大事なことは、いかに女性団体、消費者団体、農民団体がサポートしていくかで、そこで農民がいろいろな問題について話し合えるようにすることです。それからマーケティングという視点も必要です。生産物をグローバルなマーケットに出していくことは難しいからです。というのは、タイ等から安いものが大量に入ってくるので、競争が激しいからです。だからマーケティングも考えることが必要です。

ロサナ・デウィ・ラチマワッティ

結論として、女性の力をどうしたら引き出せるか、三つの点について述べたいと思います。まず、女性が勉強したり、話し合いの場へアクセスできるようにすることです。そのためには女性団体がサポートして、交流ができるようにすることです。二つ目は、農民と消費者、農民と大学関係者が協力し合うことです。第三番目は、女性に政策決定に参加する機会を与えることです。政策決定は、直接女性の生活に影響するからです。

緑の革命がインドにもたらしたもの

大野和興　ありがとうございました。次に南インドからこられたウシャ・ジャヤクマールさんお願いいたします。

ウシャ・ジャヤクマール　インドは農業と農民の国であり、六億人の農民がいます。農業は私たちの文化であり、生命であり、生活です。伝統的な農法もあったのですが、ここ何年かの間に、農業はすっかり変わってしまいました。企業と政府は、緑の革命をとおして、農民に高収量品種の種子を撒き、農薬と化学肥料と灌漑水を使うように、強制的に仕向けてきました。

一九六〇年代から七〇年代にかけて、緑の革命が導入され始めた時期には、インドの農民も抵抗したのですが、生産性を上げなければならない、世界の飢えた人たちに食料を供給しなくてはならないといわれて、緑の革命は進行しました。皮肉にも食料は十分にあるのに食料が十分に手に入らない人が増えました。緑の革命が進行した二〇年間に農民は農法を変えましたが、結果として伝統的な種子や知識を失ってしまいました。同時に社会の中で、自分たちの地位や人間関係も失ってしまいました。都市の人たちは、農民は何もわかっていない、馬鹿だとみています。知識もないし、世界で何が起こっているかも知らない人たちだと思っているようです。緑の革命によって、農民は経済を動かす力を失ってしまいました。何を生産するかについても、価格についてもコントロールできなくなりました。農民の自殺が多くなりました。南インドでは、ここ二、三年で何千人もの人が自殺しています。さもなくば、大都市に移動するか、危険な鉱山の仕事に就いています。ここ一〇年間、貿易の自由化が拡大されましたが、この時期、一方で生産コストが上がり、他方でつくっている農産物の価格が低下し、農民の

ウシャ・ジャヤクマール

ウシャ・ジャヤクマール：南インドで活動している、農薬問題、健康、農業政策、有機農産物のオルターナティブ市場、ごみゼロ社会、持続可能な生活などに取り組むタナル（Thanal）に所属

生活は押し潰されてしまいました。

このような不平等な貿易は、ＷＴＯとそれを支持している人たちによって押しつけられたものです。農民が非常にひどい状態に追いやられていますが、途上国の政府は、農業生産者の問題を理解できず、安い農産物を輸入すればすむ問題だと考えています。消費者は、いままでになかったようなものが輸入されるので、選択肢が多くなっているような感じを受けますが、それは錯覚で、外から入ってくるものといったら、先進国から入ってくる品質の良くない、農薬もたくさん使ったもので、遺伝子組み換え作物も入っていて、何が入っているか分析できないものばかりです。

アジア各国政府がいっていることは、世界で競争しなければならない、新しい技術、新しい種子、新しい作物をつくって競争しなければならない、これこそアジアの農民を救う、解決方法だといいます。市民は、この政府の言葉に反対しています。自分たちの健康を守るために反対しています。農業生産者だけの闘いだけでなく、市民全体の闘いで、健康な生活を守るために、これに反対していかねばなりません。

日韓ＦＴＡ協定が何をもたらすか

大野和興　ありがとうございました。次に韓国からこられたソン・テスさんお願いいたします。

ソン・テス（宗大守）　私たちは日韓ＦＴＡ協定（日韓自由貿易協定）に反対するために日本

にやってまいりました。私はここで、食料は人権だ、コメは人権だといいたいのです。アメリカを中心とした先進諸国は、貿易の自由化こそ飢餓を解決する最善の方法だといっています。しかし、ＷＴＯ体制が確立し、ＦＴＡがあちこちで締結されるにつれて、貧困がますます加速され、飢餓に苦しむ人たちが増えています。

ソン・テス（宗大守）

一年に三六〇〇万人もの人が死んでいます。この間にも一時間に四〇〇〇人の人が飢餓で死んでいるのが、地球の現実です。国連の人権委員会はＷＴＯに勧告をだしたことがあります。人間が食べて暮らしていく生存権は、知的財産権よりも尊重されるべきだと。韓国には、生きていれば何かいいことがある、という諺があります。それはコメを食べてお腹いっぱい

ソン・テス（宗大守）：農民、全国農民会総連盟

になれば、幸せな気持ちになるということです。

韓国では、食料は安全保障の問題です。軍隊と違い、食料のない国は一日たりとも持ちこたえられません。しかし韓国の食料自給率はわずか二七％です。七三％が輸入されており、輸入量の六〇％がアメリカの多国籍企業によるものです。

韓国はコメをつくっており、しかも余っているのに、買わなければならない状況になっています。北朝鮮に支援としてコメを送っています。コメは民族の五〇〇〇年の歴史の中で、なくてはならないものであり、文化であり、魂でもあります。今、朝鮮半島は世界で唯一の分断国家です。コメは分断国家の平和にとって、重要です。北朝鮮は地理的に食料が自給しにくい環境ですから。

韓国では、農民の七五％がコメをつくり、コメは輸入するものでなく、自給しなくてはならないものだと思っています。アメリカや多国籍企業は、自分たちの農業を守るために、開発途上国や私たちに貿易の自由化を求めてきています。それに対抗して、現在、私たち農民団体は、韓国政府に対して、食料の自給率を決める法律制定を求めています。

コメは、食べるだけのものではありません。コメは命であり、人権です。また文化であり、民族であり、主権です。私たちは分断された祖国に統一をもたらすための、最も基本的なキーポイントだと考えています。

ＷＴＯやＦＴＡが私たちの生活をよくしてくれましたか。はたして労働者の生活向上に貢献しましたか。これは韓国のことだけではありません。日本ではどうですか、よくなりましたか。ＷＴＯが結成されて一〇年たちましたが、景気はよくなりましたか。世界の貿易量は増えましたが、貿易で得た莫大な利益はどこに行ったのでしょうか。農民は失業者となり、労働者の労働環境はますます悪くなっています。ＷＴＯによって増えた貿易の利益は少数の多国籍企業によって吸い取られています。

私はみかん農家ですが、三年間でみかんの木の数を半分にしました。ＷＴＯやＦＴＡは私たちの食べ物、環境を守ってくれません。北米ＦＴＡ、ＮＡＦＴＡが締結されて、アメリカ、カナダ、メキシコで農民や労働者の生活はよくなったでしょうか。ひどい状態に追い込まれています。多国籍企業の利益を守ろうとするＷＴＯ体制を、法律的に正当化しようとしたのが、カンクンの閣僚会議でした。私たちの闘いによって、この会議が頓挫するや否や、ＦＴＡに姿を変えて、いま立ちはだかっています。もうだまされてはいけません。ＷＴＯという多国間の協定でできないことを、ＦＴＡという二国間の協定で成し遂げようとするまやかしに、だまされてはいけません。

農薬を売り込むための遺伝子組み換え作物

大野和興　ありがとうございました。次にマレーシアからこられたカーステン・ヴォルフさんお願いいたします。

カーステン・ヴォルフ　多国籍企業が、アジアの農業に何をもたらしてきたか、について話します。

私が所属している「ＰＡＮＡＰ／農薬行動ネットワーク・アジア太平洋」は、長年農薬の問題に関わってきました。アジアや世界に農薬を売っている企業の沿革をみてみると、もとは化学兵器をつくっていました。バイエルはナチスがユダヤ人を大量に虐殺した毒ガスをつくっていましたし、モンサントはベトナム戦争で用いられた枯葉剤をつくっていました。いまはアジアで環境を壊し、農業に被害を与えています。その結果、毎年アジアで二五〇〇万人の農民が健康被害を受けています。

その同じ会社がいま種子を売っています。緑の革命の時には高収量といって売り込んだのですが、農薬や化学肥料を大量に投入しなければなりませんでした。これによって自分たちの農薬・化学肥料の販売量が増えるからです。企業は、そのために新品種を開発したとはいわず、アジアや世界から飢えている人をなくすため、生産量を増やすのだ、といってきました。

同じ会社が、いま遺伝子組み換え作物に力をいれています。四〇年前の、緑の革命の時と同じ言い方で、遺伝子組み換え作物の種子の販売を進めています。

四〇年前と違う点は、新しい手段として、知的所有権を持ち出したことです。ＷＴＯのＴＲＩＰＳ協定（知的所有権協定）は、ロビー団体や業界がアイデアを出したのですが、それが協定となったのです。推進していた業界も、ここまでできるとは思わなかったと驚いたほどです。

実際にそれができてしまった。この知的所有権が、企業の利益を生み出す強い推進役になっているのです。

四〇年前と違う点は、企業がかってに遺伝子組み換え作物を推進しようとしても、市民団体の抵抗がある点です。抵抗の大きさに手を焼いていますが、そこで新しいPRの手段を考えました。遺伝子組み換え作物は安全だというPRで、そのもっとも新しいものこそゴールデンライスです。

このゴールデンライスは、ベータカロチンをわずかながら多く含んでおり、このベータカロチンが体内に入るとビタミンAに変わるため、栄養価が高く、栄養失調に

カーステン・ヴォルフ

カーステン・ヴォルフ：農薬行動ネットワーク・アジア太平洋（PANAP）「セイブ・アワー・ライス」キャンペーン・コーディネーター

よる失明への対策になると宣伝しています。このことは科学的にみればおかしなことで、必要なビタミンAをとるために、どのくらいゴールデンライスを食べなければならないかというと、一日に五〜九キログラムに達するといいます。これだけおコメを食べる人はいません。野菜から、ビタミンAはとれるのですから、こんなものは必要ありません。科学的には意味がないのですが、PRとしては意味があります。

アメリカの元大統領クリントンなど、有名人がゴールデンライスのプロジェクトを支持してきました。遺伝子組み換え作物に反対する人たちは、子どもたちの目が不自由になるのを助けてあげないのか、飢餓に苦しんでいる人たちを助けたくないのか、と非難されてきました。

そこで私としては、日本で遺伝子組み換え作物に反対したり、農業や食料問題に危機感を抱いている人たちと意見交換できることを、うれしく思っています。日本では遺伝子組み換えのイネがストップしたことを聞き、大変嬉しく思っています。世界の人たちも喜んでいます。多国籍企業が食料や農業を支配することを許してはいけません。私たちが何を食べるか、どのように食べるか、そのようなことを多国籍企業の思いのままにさせては、いけません。

私たちにとって食料主権とは

大野和興　ありがとうございました。最後に日本から、日本消費者連盟の山浦康明さんと全日本農民組合の御地合二郎さんお願いいたします。

山浦康明　食料主権が、私たちにとってどういう意味をもっているか、について述べたいと思います。

いまの状況は、食のグローバル化が進み、生産者も消費者も不安におちいっており、私たちの食に対する権利が失われているといえます。日本では食の海外依存が高まっていて、多国籍企業に食卓を預けている暮らしをしています。食をめぐる問題が生じると、毎日の食生活に影響します。

ＢＳＥがアメリカで発生し、食が大混乱に陥りました。いま、消費者の多くはアメリカの牛肉を食べたくないといっているにもかかわらず、アメリカ政府は食肉業界の圧力を受けて、日本政府に圧力をかけた結果、日本の検査基準が変わってしまいました。日本の食生活にアメリカの企業の力が及んでしまういい例です。

山浦康明

遺伝子組み換え食品が日本の食卓に上がっています。醤油、食用油などは、表示されないまま消費者は口にしています。食の海外依存の危険性が問題となる例です。食生活は豊かになり、バラエティに富んだ食文化を消費者は謳歌していると思われていますが、六〇%もの食料を海外に依存しています。この状況は、日本の消費者が海外の農業労働者のコストを引き下げ、企業の収奪に手を貸していることになります。また日本の国民が海外の農地や水を消費していることを意味しますし、輸送の際のエネルギー問題など、消費者が環境悪化の加害者になっている上に、外国に頼りきるという不安な食生活を招いています。

食の安全性についても、これまでは安全基準が各国ごとにつくられてきました。とくに日本は、さまざまな食品公害を経て、被害者や消費者団体の闘いによって、安全基準がつくられてきました。

その安全基準の国際化が進められるようになりました。国連のFAO（食料農業機関）とWHO（世界保健機構）の合同の委員会である、コーデックス委員会の基準が、WTOになってからはSPS（植物防疫）協定などを通して、強制力をもつようになりました。貿易紛争が起きると非関税障壁だと訴えることが容易になりました。

EUがホルモン剤を使ったアメリカの牛肉を輸入禁止したことに対して、アメリカがWTO（世界貿易機関）に提訴し、EUは敗訴しました。遺伝子組み換え食品の規制についてもアメリカはEUを提訴しました。もし日本がBSE問題でアメリカ牛の輸入禁止をつづけていくようだと、アメリカはWTOに提訴するといっています。このように国際基準が大きな力を及ぼしてきています。

ＦＴＡ（自由貿易協定）のなかに、相互認証の協定があります。二国間の協定の中で貿易自由化を進めるために、工業製品などとともに食べ物についても貿易の妨げになる制度をなくしていこうということで、相手国で承認した基準は、今後はそのまま受けいれたらどうかという協定です。相手国の低い安全基準を、高い基準をもっている国の消費者は受け入れなければならない結果となります。食のグローバル化が私たちの食を不安に追いやっています。

消費者は国内農業に関心を持っていますが、農業は衰退の道を進んでいます。これによって、私たちの食はどうなるかという不安が広がっています。衰退した原因の一つが農産物の輸入自由化で、地域社会の崩壊の原因にもなっています。

農業は農産物をつくるだけではなく多面的機能を持っています。環境を守るという重要な役割があるため、農業が衰退することで環境破壊が起きます。このように、私たちの食料主権が奪われてしまうと、さまざまな側面で危険な状況になります。

私たちの主食のコメについては、ＦＡＯなどでは、いま生産をいかに拡大していくかが期待され、技術的支援が必要だとされていますが、技術的支援の中味を見ていく必要があります。国際コメ年では技術開発のイベントが、各国で取り組まれてきています。四月にはアメリカで「稲バイオテクノロジーの未来」が開かれ、五月にはソウルで「コメ産業の発展」が開かれ、一一月には日本で「世界イネ研究会議」が行われました。生産拡大のためにバイオテクノロジーに焦点が当てられており、私たちは、コメの増産のために遺伝子組み換えイネを認めていいのか、それによって飢餓が救えるのか、を考えなければなりません。

飢餓人口を減らす為には、生産力の強化だけではだめです。配分の問題、流通の問題が飢餓を引き起こしているわけですから、社会構造を変えないと飢餓は救えません。アジアにおける貧富の問題は身分制度や階層化とかかわってきます。この問題を解決する必要があります。バイオテクノロジーの推進は、農家にとっては多国籍企業の種子支配につながり、反対しなければならない問題です。

食料主権は、言葉としてはまだ定着していませんが、生存権として重要です。権利の主体が国家の場合、輸入国は輸出国に対抗できる権利があり、食料主権をもとにして輸入圧力に対抗できます。消費者の場合、食へのアクセスの権利があり、安全な食を求める権利や知る権利も重要です。消費者にとって食料主権とは、農業や環境保全など生存に関わる権利を主張するためのキーワードだともいえます。農業生産者にとっては、多国籍企業によって支配されている構造を打破するための、生産する権利です。権利を主張する相手は、輸出国であり、政府の産業政策であり、多国籍企業であり、国内の企業です。

しかし、私たちは権利があるといっているだけではだめで、実際にこれを使って運動の中で実効性を高めていくことが必要です。運動の中で食料主権を実体化していくことが大切だと思います。

ずっと食料主権を奪われてきた日本の農民

御地合二郎　全日本農民組合は、農民運動を八〇年にわたって行ってきました。戦前、地主小作制度のもとで、小作人組合として出発し、戦後は農地解放の担い手として闘ってきました。その後、主に米価闘争に取り組んできましたが、ＧＡＴＴ体制、ＷＴＯ支配体制が確立していく中で、昭和一七年につくられた食料管理制度が廃止され、米価引き上げの手だてを失ってしまいました。いま、農民運動は急速に後退していますが、高齢化が一番の原因です。

御地合二郎

食料主権ですが、日本の農民の間では、まだ理解が進んでいません。二〇〇三年九月にカンクンでＷＴＯ閣僚会議が開かれた際に、韓国の農民運動の指導者イ・ギョンヘさんが、「ＷＴＯは農民を殺す」という言葉を残して亡くなられました。彼が書かれた文章の中に、ＧＡＴＴウルグアイラウンドで農業合意ができて、その瞬間、我々の農民の手から農産物を生産する権利が奪われ、ＷＴＯの少数の官僚の手に握られてしまった、という内容のことがあります。すなわち、我々の手を離れ、我々の権利はなくなってしまった、そのあたりから食料主権という言葉がようやく理解され始めました。

日本は世界最大の農産物の純輸入国です。アメリカは世界最大の輸入国ですが、世界最大の輸出国でもあります。一億人以上の人口をもつ国だけ見ると、日本は一番自給率が低い国です。日本では戦後からずっと、食料主権は踏みにじられてきました。まず日米相互防衛援助協定（ＭＳＡ協定）で、アメリカから無償の小麦が入り、それを政府が売却して、その資金で武器を購入し、再軍備を進めてきました。このＭＳＡ小麦は学校給食に取り入れられ、米を食べると頭が悪くなるとまでいわれ、小麦の食文化がつくられてきました。

一九六〇年の安保条約改定の際には、日米経済条項が加えられました。その中で、工業製品を輸出する制約が解かれ、アメリカへ輸出が可能になりましたが、その代わりに日本は農産物を輸入するという相互経済協定ができました。それからずっと、アメリカの農産物が輸入されています。食料主権の喪失は、このように戦後すぐに始まったのです。

その後は、ＷＴＯの農業協定が日本の農業政策を規制してきました。生産調整はいま一〇〇万ヘクタールになり、八〇万トンのコメを強制的に輸入させられています。

食料管理制度では、米価はコメの再生産を確保することを旨として決める、という規程がありました。生産者米価が高くて消費者が買えないから、差額は政府が払うようになっていましたが、食料管理制度がなくなり、これができなくなりました。

コメはいま、ほぼ自由化されています。新潟ではＵＲ合意（ＷＴＯ農業協定）の年の一九九三年、コメは二万七〇〇〇円でしたが、二〇〇四年には一万六〇〇〇円から一万八〇〇〇円程度になり、約一万円も下がりました。青森県では一万九〇〇〇円～二万円から一万三〇〇〇円に下がりました。このようにコメの価格が暴落しています。自由市場だからいくらでも値がつけられます。この暴落は、ＷＴＯがもたらしました。不足払い制度をつくれとか、米価保証制度をつくれとかいっても、それはＷＴＯ協定に反するからだめだ、といわれてしまいます。国内の農業政策は全部駄目になりました。我々が生産する権利を、ＷＴＯが奪い取ってしまいました。

いま、小泉総理は構造改革を進めていますが、例外なく農業でも進めており、ＷＴＯが認めている市場価格などに左右されない固定払い、一定の金額は農家に払ってもいいことになっているのですが、これを四ヘクタール以上の農家にしか払わない方針です。日本の農家は平均一ヘクタールですから、四ヘクタールにすれば農家は徹底的に選別され、家族農業でやっている人は辞めて下さい、企業農業でやってくださいとなります。

グローバリゼーションは、ここまでやってきたかと思うのですが、世界の一部の企業がお金を儲けていくのに対して、我々はどう対抗するかというと、地域自立経済しかありません。どうしたらいいかというと、自県産のコメを身近な消費者に食べてもらう、消費者と提携して、地域の農業を守っていくという方法です。そのことを模索しています。

同時に、WTOやグローバリゼーションとの闘いを、アジアの皆さんと連帯して組んでいく必要があります。まだまだ農村全体では理解されていませんが、不作にもかかわらず、コメの価格が暴落しており、これはどういうことだという疑問は広がっています。それに対して明快に答えながら、食料主権について、農民と理解を深めながら取り組んでいきます。

ともに闘うためには

大野和興　デビンダさんが、農民同士が争うようにされている、と話されましたが、自由貿易協定が進んでいて、韓国と日本でやっと反対運動が共同行動をとれる段階にきています。これをアジア全体に広げていきたいと思っています。農民同士が争わされている状況の中で、共同してどう反対の闘いができるかが大きな課題だと思います。

デビンダー・シャルマ　世界全体の農民がこの問題に少しずつ目覚めてきています。運動をどう進めるかですが、現実がどうなっているかを見なければなりません。世界銀行やIMF、WTO、多国籍企業はワンセットのものです。世界銀行からおカネを借りている途上国には、いつも多くの条件がつけられています。一五〇〜一六〇もの条件がつけられていますが、その中に換金作物をつくりなさい、主食のコメや小麦をつくるのをあきらめなさい、という条件がありあます。換金作物の花やスイカなどをつくるしかありません。

本来、世界のなかでそうしなければならないのは先進国です。その国々は一日一〇億ドルの補助金を農業に出しています。ＷＴＯ交渉のいきさつをみていると、先進国は換金作物をつくり、主食をつくるのをあきらめなさいとは、要求されません。アメリカとヨーロッパの生産者は、テンサイやトウモロコシなどをつくりつづけています。いまの世の中は発展途上国とか先進国とか北とか南とかじゃなくて、世界の一部の先進国が主食を作って、他の国は先進国に住む人たちの贅沢な暮らしを支える換金作物をつくる国に落とし込められています。ＷＴＯは世界銀行とＩＭＦが始めたことを、そのまま法制化しているにすぎません。

それでは何をしなければいけないのか。一番目に、先進国に農業補助金があるかぎり、途上国に貿易障壁を強化する権利を与えることです。二番目は、主食、永続可能な農業から、換金作物へのシフトを止めることです。世界的には、生産されている食料の九〇％はその国で消費されており、世界全体で一〇％が貿易されているに過ぎません。どの国も国内で生産されている食料の九〇％は自国の食料とすること、それを実現させなければなりません。三番目は、世界全体の農民を守らなければなりません。日本と韓国の農民が共同で闘争を始めたということですが、インドでは三〇から四〇の農民の代表の機関があります。そういう団体を一つにしたのが全国農民同盟で、同盟は農民の七五％くらいをカバーしています。私もそのメンバーですが、いま、農民を集めて、その声が届くようにしなければなりません。私たちも韓国や日本の農民と手を組んでいっしょに、この怪物に闘っていかなければなりません。

農業補助金をどのように考えるか？

山浦康明　WTOに対するNGO会議の中で、先進国の農業補助金は途上国からみると問題だと批判されます。事実、途上国の農家にしわよせされています。輸出補助金は問題だといえますが、例えば日本の農家に対する農業補助金をどう考えていけばいいのでしょうか？

デビンダー・シャルマ　世界でも難しい課題のひとつとなっています。まず農業を持続可能なものにすることが大切です。EUがとっているCAP（共通農業政策）などが取り組んでいることは、参考になると思います。EUでは補助金を少しずつ減らしていくことになっていましたが、いまもつづいています。WTOは、輸出のための補助金は減らしていかなければならないとしているのに、農家はまだまだ補助金を受け取りつづけています。フランスの農業大臣は、輸出補助金を二〇一五年から二〇一七年以前になくすのは無理だといっています。農民に対する補助金を少しずつなくしていく新しい方法を発表しましたが、スパーマーケットと同じやり方をしました。スーパーに行くと割引きと書いてありますが、もともと値段を高くつけて、少しそこから割引きます。EUも同じことをやってきました。まず補助金を不当に高くして、少しずつカットする方法です。WTOがやってきたことというと、EUなどが補助金を減らすための役割を果たしているといえます。
先進国での国内補助金が大きいためで、途上国は補助金で対抗することは不可能です。ＷＴＯが設立される前の一九九四年までは、途上国は貿易障壁を盾に、不当に安い農産物が入ってこないように、自分たちを守ってきました。日本の生産者はいろんな補助金をもらっております。それは生産のための補助金ですが、それはインドの農民には影響はありませんでした。安い農産物からインドは自国の農民を守り、先進国は補助金という形で生産者を守ることができ、他の国は貿易障壁を盾に、生産者をまもることができました。しかし、いまは違います。

消費者はどうかかわるか？

大野和興　ロサナさんが、女性が緑の革命の中で生産の現場から排除されているといわれました。日本でも同じ状況ですが、その中から、農村女性の小さな加工や販売が行われ、いま大きな流れになっています。消費者は、それとどう手を組んでいくのか。食料主権を消費者の立場からどうとらえるか？

ソン・テス　生協活動を行っておられる方が多数出席されていますが、私は農家ですが、農薬や化学肥料をたくさん使った農業が生産量を増やしたかもしれませんが、いろんな危険な食べ物が出てきたし、地球環境にも悪い影響が出てきました。最近では遺伝子組み換え作物も大きな問題になっています。多国籍企業の利潤の前に、人類が生きてきた四五万年の歴史が、この二〇年くらいの短い間に崩れ去ろうとしています。

日本は最大の農産物輸入国ですが、危機的な状況がグローバリゼーションのもとで起きています。それをどうするか、決めるのは、消費者自身だといえます。アメリカは、日本にも韓国にもさまざまな圧力をかけていますが、そのなかで日本の消費者がどのような歯止めをかけていくか、どのような形で輸入させたり、させなかったりしていくかが問われています。

農業補助金の話ですが、発言者は研究者の立場で話されましたが、韓国でも補助金の問題があります。先進国においても自国の農業と農家を守るために補助金をなくすことはできません。自国のもので九〇％まかなっていこう、穀物生産を増やしていこう、ということは賛成です。今日の集会は、非常に深い内容で、アジアや地球環境を守っていくには意義深いと思います。

大野和興　アジアでは食料主権の討論が行われ、方向性ができつつありますが、日本ではこれからです。遅まきながら、生産者、消費者を含めた広範な人々の間で食料主権について議論を深めていきたいと思います。日本は先進国といわれていますが、農村や農民の状況をみると同じ問題を抱えているといえます。小さな農家がつぶれ、女性が経済的活動から排除されています。自殺や失業が増えています。同じ問題を抱えている中で、生存権としての、基本的人権としての食料主権をきちんと考えて、運動として、草の根からの仕組みとしてつくりあげていくことが、いま問われています。そのプロセスをいっしょに歩んでいきましょう。

第 4 章　食料主権への闘い

1　ローカルの実践でグローバリズムを包囲しよう

山下惣一

私は、日本列島の西の端、佐賀県唐津市の、そのまた端っこの玄界灘に面した村で百姓をしています。東京まで一二〇〇キロ、中国の上海まで一一〇〇キロ、韓国までが二〇〇キロ。北風が吹くと韓国の人の話し声が聞こえてくるような位置にあります。

一九九五年にＷＴＯが発足しましたが、それ以後日本の農村に何が起きているのかを中心に話していこうと思います。

わが集落は海のそばに六〇〇戸余りがびっしり集まっていて、半分が漁業、半分が農業です。一三〇戸の農家の、一農家当たりの平均耕作面積は田んぼが〇・八ヘクタール、畑が〇・五ヘクタールで、しかも八〇％の水田は棚田です。

私にとっての農業問題は、まず、そこでどう生きていくかでした。私は農家の長男で、引き継いで今年で五三年目になります。半世紀以上やっていますが、農業の五〇年は田植えも稲刈りも五〇回しかできません。しかも毎年気象条件が違います。なかなかうまくいかなくて悪戦苦闘しています。その悪戦苦闘ぶりを本に書いて、みなさんに買ってもらってかろうじて食っている情けない百姓です。

メダカが生きられない水田

今、我われの仲間が全国で田んぼの生き物調査をしていて、今年で三年目になります。環境庁が発表した絶滅危惧種の中にメダカが入っていたことがきっかけでした。我われの世代は都会にいる人も田舎で育っていますから、メダカは一番身近な生き物です。これが絶滅するというのでびっくりしました。

どうしてメダカがいなくなったのだろうかと考えることは、田んぼの米以外の生産に目がいくようになったということだと思います。メダカは田んぼで育っていました。田んぼに水を引くために川を堰き止めると、川の水位と田んぼの水位が同じになります。川の魚は田んぼと行ったり来たりします。メダカは水温が高く栄養豊富な田んぼでどんどん増えていました。しかし、農業の近代化によって田んぼと川は切り離されてしまった。川の生き物が田んぼに行けなくなりました。日本の稲作は二四〇〇年くらいの歴史がありますが、米以外の生産にはまったく関心がなかったわけです。メダカによって初めて目が開かれた。

田んぼの生き物調査ではまず、どういう生き物がいるかを調べてみました。害虫や益虫は知っていますが、それ以外にどういう生き物がいるのか、ほとんど知りませんでした。

わが家の田んぼにどんな虫がいたかといいますと、二〇〇一年の六月一二日の調査では、五月五日に田植えをした田んぼに、赤トンボのヤゴが三〇〇〇、糸トンボが二〇〇〇、土ガエルが一〇〇〇、タイコウチが一〇〇、ゲンゴロウが五〇〇〇、ガムシが七〇〇〇、セジロウンカが七〇〇〇、アメンボが一万、おたまじゃくしが一万、サカマキガイが一万、ユスリカが一〇〇万、ミジンコが五〇〇〇万。これが〇・一ヘクタールのわが家の田んぼにいた生き物の推定数です。

調査は、一平方メートルを調査し、全体を見てまわって予測し、水中生物については、田んぼの水をコップで掬《すく》って何匹いるかを数え計算しました。一反歩に一センチメートルの水を溜めると一〇トン溜まっていることになります。三センチメートル溜めると三〇トンになりますから計算は簡単です。

ユスリカの成虫は夏の夜空に蚊柱をつくります。田んぼの中にいるときはおたまじゃくしや他の生き物の餌になる。成虫は空を飛んでトンボの餌になる。ミジンコはプランクトンの一種ですが、有機物を分解するとき異常発生するのが肉眼で見えます。これもユスリカと同じ役割を果たしています。これらを、益虫でもない害虫でもない、〝ただの虫〟といっています。

こうした調査を三年やりましたが、日にちが違うと、当然虫の種類も数も違ってきます。

七月の初めには秋の虫、バッタとかコオロギの小さなものがあぜや草むらにいっぱい生まれています。田んぼのあぜや草むらは昆虫の生息場所です。稲の穂が出る頃は、稲と稲の間にクモが蛾やウンカを食うために巣を張ります。露がおりると田んぼのクモの巣がきらきらと光ります。田んぼの水を落とすとクモが出てきてウンカを食べます。稲を刈った後は、土の上をはいまわるクモがたくさん出てきます。

山下惣一

食物連鎖の頂点に人間はいますが、逆にたどっていくと田んぼに行きつくわけです。命の土台を田んぼが作っている、そのむこうに森があるという関係です。これが生きもの調査をすることによって初めてわかりました。

赤トンボは、西日本では薄羽黄《うすばき》トンボが主流で、八割は田んぼで生まれています。このトンボが休む時は、稲の葉やささの葉などにぶら下がります。童謡「赤トンボ」の最後は、「止まっているよ竿の先」

ですが、竿の先に止まるのは〝茜とんぼ〟といって北の方の種類です。作詞をした兵庫県出身の三木露風は、大人になって北海道かどこか北の方に行ったときに竿の先に止まっている茜とんぼを見て、子どもの頃のウスバキトンボを思い出して作詞をしたと推測されます。ですから、あの歌には二種類のトンボが出てくるのです。こういうことも調査をするまでわかりませんでした。

〝農〟が支えるもの

調査をすることで米以外の田んぼの生産力に眼がいくようになりました。「農」と「農業」を分けて考えるようになったのが最近の大きな特徴です。一番わかりやすいのが棚田です。棚田を守ろうという運動があります。

棚田は、急勾配のところに石垣を積み上げて田んぼを作ります。古いのは江戸時代、新しいのは昭和の初期です。棚田の米作りは、石垣の手入れ、あぜ草刈り、田んぼの見回り、草取りという、いくらやっても金にならない仕事が山ほどあります。米を売れば金になりますが、その部分しか経済行為になりません。収穫する時だけが経済行為で、九〇％が準備労働、周辺労働です。

経済行為はほんの一部で、その他のただ働きの部分が〝農〟です。金にならない世界を〝農〟というわけです。金を稼ぐためにすることは〝業〟といいます。「農と食」とか「農的暮らし」

というときの〝農〟は、農業とは違う意味で使っています。田んぼを見回り、あぜ草を刈りとっても誰も賃金を払いません。このただ働きの〝農〟の部分が環境を作っているわけです。

〝農業〟が環境を守っているといっても誰も信用しないでしょう。そもそも人類最初の環境破壊が農業です。特に畑作はそうです。水田は水が必要ですから森を大事にしないといけません。ですから自然を守っているのです。誰もが日本の自然と思ってみている農村の四季折々の風景は、〝農〟が作っているのです。そのことが明らかになりました。

これを農水省では「農業の多面的機能」といっています。その価値は日本国内の農産物の粗生産額とほぼ同額だと、民間の研究所は試算しています。国土保全、洪水防止、景観提供、水資源の涵養、それらは金にならない農作業の部分で維持されているわけです。

米を人間は作れません。米は出来るものなのです。我われが作っているのは田んぼです。田を作った結果、米が出来る。他の作物は〝麦蒔き〟とか〝キャベツ植え〟といいますが、稲を植える時だけ「田植え」といいます。なぜなら、百姓は田を作るのであって、「田植え」はその「田作り」の一部分なのです。

二一世紀になっても、昔と同じように田に水を入れ、代《しろ》かきをして、あぜをぬって、草を刈って、田植えの準備の作業をします。これを私の在所では「田に成す」といっています。隣の集落では田に水を入れることを「田つけ」といっています。稲刈りは「田を刈る」といいます。そういう作業の結果から米がとれる。今年は出来がいい悪いといいますが、トヨタの自動車が今年は台風が多くて出来が悪いということはいわないでしょう。米が出来るのは自然の恵みで人間が作るものじゃない。自然が主体で人間はお手伝いをするだけ、という自然に対する感謝、恐れを表わした言葉なわけです。

この、自然に任せた農業を変えていこうというのが農業の近代化で、我われも一生懸命やってきました。米を作るという観点から見ると、田んぼのあぜ草刈り、田んぼの見回り、石垣の手入れはコストですから、コストを下げろ、やめろということになる。田んぼのあぜはコンクリートにし、水路も先進的なところでは地下にパイプラインで埋めて水を通しています。コックをひねるとザーッと水が出てきます。そこは単なるライスフィールドです。そこには生き物はいません。地下のパイプを通ってメダカなどが来るわけがありません。環境を守ってもいません。ですから生物指標を作って、メダカが何匹いた、赤トンボが生まれている、という田んぼに補助金を出せと我われはいっています。そうしていかないと環境は守っていけません。安いコメは輸入できますが、蛍が舞い、赤トンボが群れ、彼岸花の咲く環境は輸入できません。「食べること」と「農業」と「環境」を別々に守ることはできませんから、ぜひそれを守ってください と三点セットで主張しています。現在は田んぼの草花の調査もやっています。

〝農〟の世界を求める人びと

グローバリゼーションによって困っているのは〝業〟のほうです。国際商品としての農産物の価値が下がって、一番安いところと競合していかないといけませんから、やっていけない。〝業〟としてやっている人たちは大変苦労しています。後継者も残りません。

ところが、自分が作ったものを食べるという、金にならない〝農〟の世界は、多くの人にとって非常に魅力的なようです。奈良県の川口由一さんは福岡正信さんの影響を受けて自然農を実践し、自然農塾をあちこちに作っています。福岡市での私と川口さんとの対談には、二〇〇〇円の入場料を払って三〇〇人の人が集まりました。八〇％が若い女性でした。私はいつも、二一世紀にはこの世からいなくなる人ばかり集まって「二一世紀の農業をどうするのか」という集会にばかり出ていましたからびっくりしました。

彼女たちは、普通に会社勤めをしながら自分の食べる米、野菜を作りたいという人たちです。まさに〝農〟の世界ですから、コストは関係ありません。国際商品としての農産物の価値はどんどん下がっていきますが、下がっていくのは商品価値であって、使用価値、利用価値は変わらない。そこにみなさん憧れているわけです。実際に〝農〟と〝業〟をやっている人は〝業〟に力点を置いていますから、〝農〟の豊かさ、楽しさをなかなか味わうことができません。

去年、五一歳になる脱サラをして農業を始める人が近所に越してきました。四〇代中頃から何がなんでも百姓になると決意を固めたといいますが、看護士の奥さんは田舎で百姓やるのを嫌がって離婚したそうです。子どもも嫌だと一人になって、それでも百姓をしています。何が魅力で百姓やるのかと聞いたら、三つあげてくれました。「人生の後半は誰からも命令されず自由に生きたい」、「自分で作ったものを食える」、「仕事に感動がある」、これは百姓しかない。育てるのは楽しいし感動がある、だからやれる。〝農〟の世界は楽しいけれど、売る時には腹が立つ。売らなければ最高である、と。

日銭を得るため四〇〇羽の鶏を飼っている先輩の小屋を彼は見に行きました。鶏小屋に入ったら、妻からも子どもからも逃げられた男に鶏が集まってきた。鶏から足を踏まれた時のカサコソとした、そこはかとない感触に感動して鳥肌がたったといいます。こういうことはビジネスとして農業をやっている人にはまったく経験できません。山の端に夕日が沈むのを、私などは、「大変だ、日が暮れる、もう少しやらなければ」と思いますが、彼は美しいといいます。

今の農業は農の一番良いところを棄てて一番分が悪いビジネスで勝負しようとしている。これは明らかに間違っています。そういう世界の先に大規模農業があり、株式会社があり、遺伝子組み換えがあります。

百姓の強いところは自分の食うものを持っている、簡単に淘汰できない、リストラができないところにあります。アジアの農業は非常に零細で、一番大きな特徴は生産者が同時に消費者であるということです。つまり、売るための農業ではなく、生きていくための農業が基本になっているのです。だから米の生産力は非常に高く、一粒の籾《もみ》が七〇〇から八〇〇倍になります。田植え機械で、幅が三〇センチメートル、間が一七センチメートルの間隔に、一坪あたり六〇株をそれぞれ三本程度植えます。二一～二三本くらいまで分けつ（根に近い茎の関節から枝分かれ）

して最終的に穂になるのが一八本くらい。一本の穂に九〇から一三〇くらい籾がつくと、五〇〇キロくらいになります。これほど効率のいい植物はありません。だからこそ米を作っている地帯には人口が密集しているのです。ヨーロッパは畑作ですから、同じ作物を毎年作ることができません。小麦や大豆は何百年と続けて作ることはできませんから、中世の頃より村中の畑を三等分して、小麦、大豆、牧畜などをぐるぐる回してきました。これを「三圃制《さんぽせい》」といいます。米は環境を守り、森を育て、水を作ります。小さな農業こそ、環境を保全しながらやっていくものなのです。

ＷＴＯ下の日本の農村

日本の国の農政は、二〇〇五年三月に作成された「食料農業農村基本計画」によってグローバリゼーション、ＦＴＡなど、ＷＴＯ下の新しい環境に耐えていけるような農業を育てようとしています。これを農業の構造改革といっています。露骨に農家の選別政策が始まりました。まず助成の方法が変わります。補助金の出し方が変わります。これまでは主産地形成といって、キャベツの産地、タマネギの産地などを育て、価格支持という政策でやってきましたが、これが行き詰まってしまった。

佐賀県は北海道に次ぐタマネギの産地ですが、だいたい一年おきくらいに圃場廃棄していきます。収穫しても暴落するので廃棄する。私のところに消費者が「あんなことするなら、もっと安く売れば良い」といってきます。何のために圃場廃棄するかというと、市場に出回る量を減らして価格を維持するためです。そうすると、価格差があるので海外のタマネギが安心して入ってきます。

ですから、国内で暴落させておいて農家が再生産できるようにしなければいけないので、農家に直接金を払うというわけです。これを「日本型直接支払い」といっています。みんなに支払うとバラマキになりますから、担い手を絞って大きな農家だけに支払います。この担い手の中に株式会社を入れるかが大きな議論になっています。株式会社が入ってうまくいかず撤退したときはどうなるかが不明だからです。株式会社を入れるということは農地法を変えなければなりません。次には、環境保全型の農業者に直接支払いをするという動きになっています。

グローバリゼーションに対応するため、国の政策でこうした流れをつくってきました。一方、農村の現場ではみんなで生きていかなくてはならないという方向を目指してやってきました。私たち農家にとって、農業はそこで生きていくための手段であって、農業そのものが目的ではないからです。

九五年のWTO発足からの日本農村の現場の動きをまとめますと、一つ目には消費者との連携が非常に強まってきました。農協も消費者と直接つながってきています。ありがたいことに、日本の消費者運動は非常に活発で質が高い。遺伝子組み換え食品の安全性にかんしては消費者が時代をリードしています。私は正直いって一〇年前ぐらいまで、消費者運動のおばさんは嫌いでしたが、いまやこの人たちこそが味方です。国や農協に頼っていては潰されると実感しているところです。都市と農村の交流、消費者と生産者のつながりは非常に強まりました。

二つ目、農村では地産地消の動きが非常に広まりました。私の村でも九一年に私が提案して直売所を始めましたが、海のそばですので定置網などをやっている人がその朝あがった魚を並べています。自分たちの食べるものが、地元の自然に近づくことによって非常に豊かになりました。女房たちも農産加工を始めて、今年で六年目になります。一六人でやっていますが、味噌と漬物とお菓子、とりわけまんじゅうがばか売れしています。農家でも自分の家で作らなくなっていますし、すでに作れない人が家庭の中心になってきているので、農家の嫁がまんじゅうを買いにきます。きなこは何で作るの？　と聞いたりするそうです。仏壇に供えるぼたもちを、春はぼたんの花になぞらえてぼたもちといい、同じ物を秋は萩の花になぞっておはぎという民間伝承がありますが、そんなことなど全然知りません。

地産地消、農産加工の動きは農業の総合性、全体性を取り戻すことになります。農業は、種まきから始まって消費者の口に入るまで、長いものです。ところが、儲かる部分は全部産業化されてしまった。種屋、農機具屋、肥料屋、農薬は薬屋、農産物の運搬は流通屋、加工はメーカー、調理はレストラン。一番リスクの多い種まきから収穫までを「農業」と称してやっているわけです。これでは、どんなに規模を大きくしても儲かるわけがありません。規模を大きくするのではなく、もともと自分たちで種を取っていたわけですし、加工もしていたわけですから、そこを少し手を広げようとしています。

三つ目は、小さな循環を作っていこうという動きです。物と金を小さなところで回していく。農業の近代化、国際化、グローバリゼーションが進む中で一番途絶えてしまったのが、経済が地域の中で循環しなくなったことです。全部外部の強いところにもっていかれてしまった。それを取り戻そうという動きが、山形県長井市でやっているレインボープランなどです。消費者の残飯で堆肥を作り、有機野菜を作って、それを食べてもらう。物と金がいっしょに循環するわけです。

農業には食べ物がありますから、金だけで、市場経済だけで生きていくのではなく、それほど収入が多くなくても自給していけます。ビジネスとしてやっている人には借金がありますから大変です。我われのような零細農でも、借金がなければ心配しないでやっていけます。日本の農業が滅びても自分は生きていける。そういう小さな循環型社会をあちこちにつくっていこう、というのが日本のこの一〇年間の現場の動きじゃないでしょうか。

日本には田舎はあるけれども農村がない、特殊な国です。日本中が混住化社会になっています。アジアから来た人に、ここが田舎だというのはわかるが農村はどこにあるのか、と聞かれます。北海道を除けば、地方自治体で農家戸数が一割を越えているところはほとんどありません。農産物の販売農家は二〇〇万戸で、総世帯数は四六〇〇万戸です。二三戸の消費者が一戸の農家を支えればやっていけるという計算になります。

　実際農業をしている者にとっては、食べて害があるということ以上に、いろんな生き物が、生命がいる田んぼ、生物多様性の世界に遺伝子組み換え稲はちょっと似合わないと思います。どういう影響を与えるか非常にこわい。そういう意味で遺伝子組み換え作物に反対です。農村の人たちは遺伝子組み換えのことをほとんど知りません。国が進めている基本計画も知りません。遺伝子組み換えの安全性の問題では、みなさん消費者の方々と生産農家をつなぐ役割くらいは果たせるのではないかと思っています。私もみなさん方の一員としてがんばっていきたいと思います。

2　循環型地域をつくる

桑原　衛

特定非営利活動法人小川町風土活用センター（ＮＰＯふうど）は、農業・林業の専業従事者を中心に二〇〇二年七月に設立された。農業・林業に従事するものが地域資源の活用を通じて経営の安定を図ることを一方の車輪、地域社会の非営利ネットワークをつくることを片方の車輪とする現業型の地域ＮＰＯで、再生可能エネルギーをはじめとする地域由来の資源を循環活用することによって、地域産業、地域社会を発展させることを目的としている。

ここでは、生ゴミという地域バイオマスの資源化事業の経験をもとに、どうしたら地域が豊かになるのか？　なぜ地域が豊かにならないのか？　について述べたい。

バイオマスは地域を豊かにするか

一九九八年頃を境に俄《にわ》かに我が国においても具体的な事業対象としてバイオマス利用が注目

を浴びることになった。その急激な変化の背景には大量消費・大量生産の経済システムが廃棄物処理という環境面から維持不可能になる程に肥大し、対策として循環型社会への移行を不可避的に推進せざるを得なくなったという現実がある。国、地方自治体、民間、非営利団体、様々な分野で様々な主体がこの課題にかかわり、そのパイオニアが具体的な事業展開を開始し始めた、というのが現在の段階である。

バイオマス利用に向けた支援制度が整備・

バイオマス：生物を産業の原料にしてエネルギー源などさまざまな分野に利用すること。稲わらなどの農作物の非食用部分や食品廃棄物、家畜の排せつ物、家庭から出る生ゴミなどを原料に用い、発酵した際に生じる熱やガスを利用したり、堆肥や肥料などに利用しており、年々利用の範囲も量も増加傾向にある。

改善され、また技術的改良もなされるにあわせて、地域バイオマス利用は今後益々一般化するに違いない。その際、バイオマスが今後の資源循環型社会において、地域の富の重要な源泉になることを考えれば、バイオマス利用を担う事業が採算性を持つこと、さらに公的補助を得ずとも持続可能であることを目指すのは重要な課題である。

しかしながら現状はその理想に程遠い。例えば生ゴミ堆肥化によって地域社会つくりを目指しているある自治体では、運転経費と予想外に進む施設老朽化による維持管理費の増大が財政上の大きな負担になっている。また近年建設された畜産糞尿を対象とするバイオガスプラントでは建設費を全額公的資金で負担してさえ、酪農家が高額な運転コストを負担できないでいる。

バイオマスとりわけ、廃棄物系の循環資源化事業を公的助成で行い、本来その費用を負担すべき産業を維持させるのでは、地域住民にとっては「循環・資源化」という理念を得る代わりに税金という形で社会費用や一部産業が負うべき経費を負担しているだけということになりかねない。また地域経済にとっては、循環資源化の設備投資の償却費・運転費という形で地域の貴重な「お金」を外部に流出させてゆくことになる。

これらの問題は複数の要因が絡んで発生しているのであるが、その根本には「技術」に関わる二つの視点が欠けていることを指摘したい。一つは採用されている技術が大規模集中型あるいは集約的な技術であること、もう一つは地域社会がその技術を全くといっていいほど内部化していない点である。

生ゴミの資源化による資源とサービスの流れ

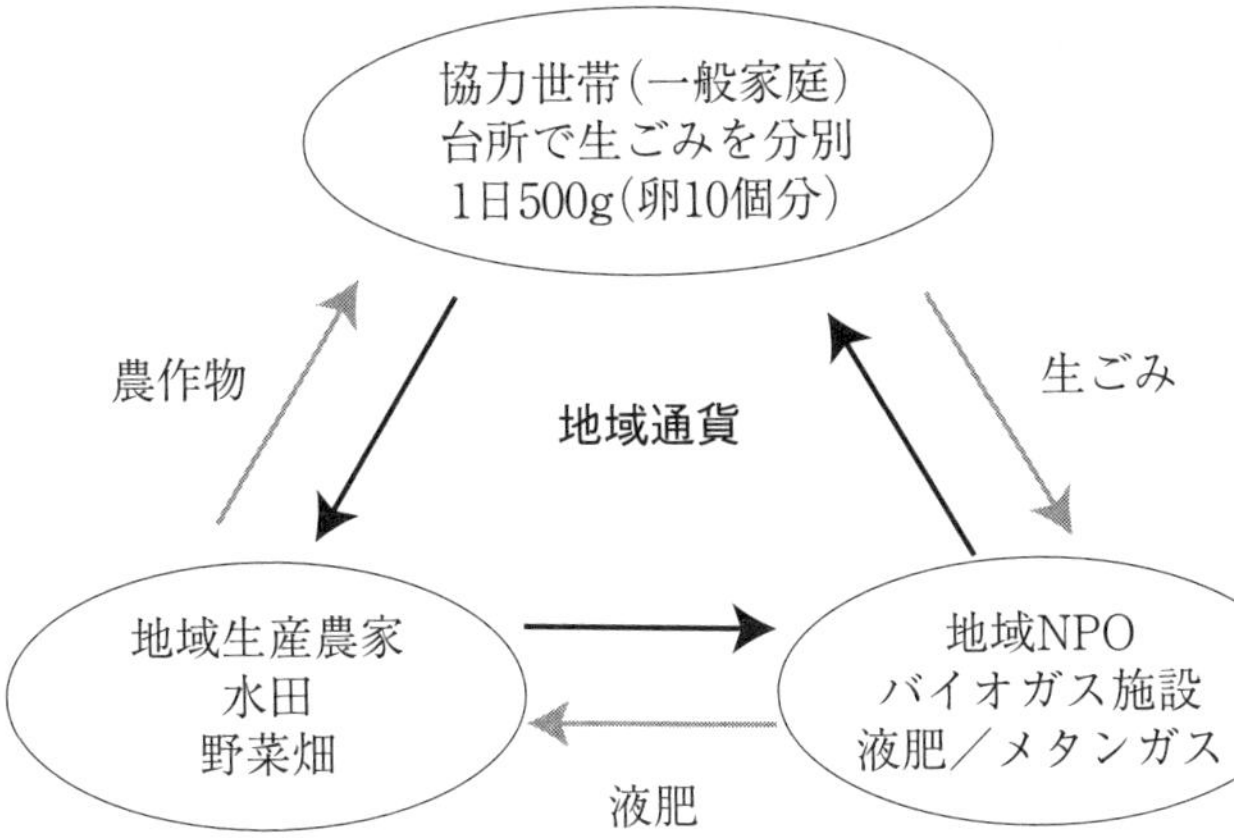

埼玉県小川町の試み

埼玉県比企郡小川町内では二〇〇一年より、住民、行政、ＮＰＯが協働でバイオガス技術を使った生ゴミ資源化実験事業をおこなっており、現在全世帯の一％にあたる一〇〇世帯が家庭から出る生ゴミの分別に協力している。分別した生ゴミは行政によってＮＰＯふうどが運転するバイオガス施設に運ばれ、ガスと液肥へと資源化され、液肥は地域の農家が利用している。

この試みの特徴は①技術が地域内で調達されていること、②出てくる液肥を使う農家集団が地域に育っていること、そして、③生ゴミ分別に参加している家庭に、地域野菜を提供する地域通貨が提供されていることである。

施設は将来、地場産木材を使った施設、「地

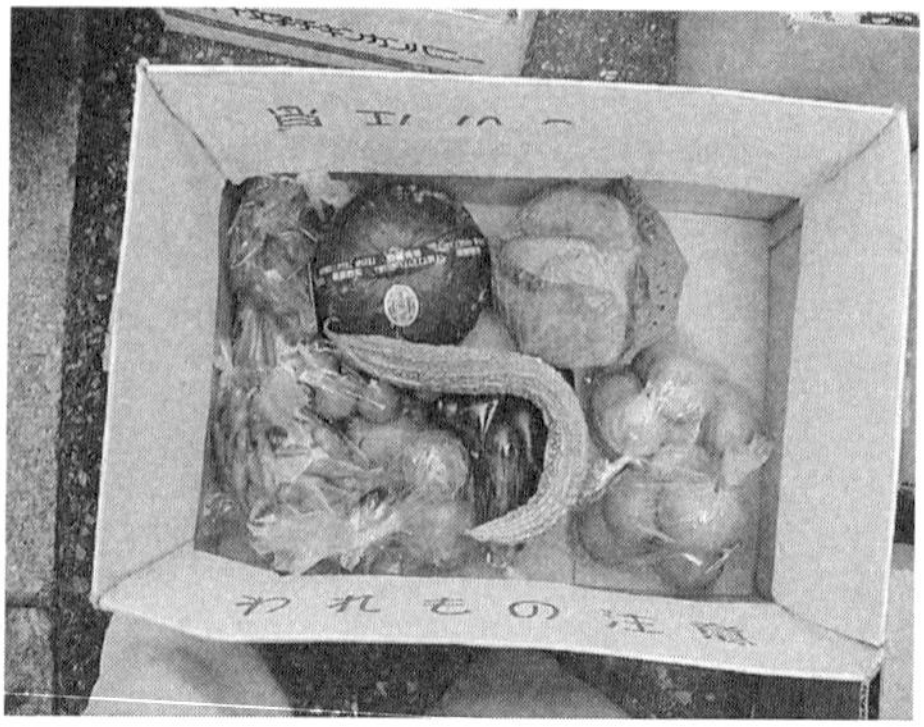

場産バイオガス施設」を作る事を想定して、NPOふうどの技術によって設計され、住民の参加のもとに建設された。発酵槽は地上設置型で五立方メートルの容積をもつ中温醗酵で、生物脱硫によって硫化水素を取り除くとともに、醗酵の安定化に炭・木酢などの林産品を利用している。

さて、二〇〇一年六月より生ゴミ分別に協力している世帯に資源提供に対する謝礼として年間三〇〇〇円相当の地域通貨を提供している。分別が資源化の鍵であり、もっとも厄介な作業であることを考えれば、その作業に対する対価、資源を提供してくれることに対する対価はあってしかるべきであるが、プラントメーカーの大型堆肥化施設を使ったのではそれは不可能である。では小川町の実験では、その原資はどこから出ているのか。

生ゴミが生み出す地域の「お金」

小川町の事業で提供している地域通貨の原資は、現在の生ゴミ焼却処理と地場産バイオガス施設で資源化した場合との経費の差である。現在の焼却処理費は埼玉県平均とほぼ同様なので三二円／キログラム。地場産バイオガスを利用した資源化に要する経費は一二円／キログラムである。したがって一キログラムあたり二〇円の節約になっている。これを生ゴミ提供量から計算すると三〇〇〇円／年が一家庭あたりの地域通貨の原資となる。

現段階では地元野菜との交換クーポンとして使われており、実験に参加している家庭は決められた日に地元野菜農家が用意した野菜パック（一五〇〇円相当）をクーポン三枚と引き換えにもらえ、農家は受け取ったクーポンを町に渡し、相当の円を受け取る仕組みである。

埼玉県農林総合研究センターと共同で行っている水稲栽培試験の結果、液肥の利用で収量増が確認され、食味もまずまずであったことから今後、複数のプラントの建設した場合でも液肥の利用を拡大でき、液肥の販売をこの通貨でできるのではと期待している。

焼却から循環への変更それ自体を原資とした地域通貨では、循環への移行の率が多くなればそのまま通貨の流通量が増える。町内の家庭生ゴミ発生量は年間一六〇〇トンなので、最大で年間三〇〇〇～四〇〇〇万円相当を地域通貨原資にあてることができ、地域住民間での財・サービスの交換に使われたり、地域での資金調達に活用できる可能性を持っている。

小川町では、住民の協力と自前の技術によって迷惑物扱いされている生ゴミというバイオマスが地域に価値を生み出しているのである。

地域社会で農業が果たす役割

ここでは我々が実際に小川町で行っている事業をとおして、地域に利益を還元するための工夫の例を紹介した。この活動を通じて我々が実感したのは、地域社会が豊かになるには地域で使える資源を見つけるだけでなく、それを評価できる力、それを利用できる技術を地域が持つことの重要性だ。そしてその主な担い手は地域を生かし、地域に生かされている農業者・林業者など一次産業従事者をおいてほかにないということである。

国内外でグローバリゼーションという名の私企業寡占に対して異議を唱え、活力ある地域社会を再生しようと悪戦苦闘している方々にとって、この拙文が何らかのヒントになればと願っている。

3　大豆畑トラスト運動

小野南海子

日本の食料自給率は、先進国中最低の四〇%しかない。沢山の農産物が輸入され、それに比例して日本の農業は衰退していく。私たちは、ますますどこの誰がどう作ったかわからない食べ物を食べざるを得ない状況に陥っている。

一九九六年に遺伝子組み換え作物が認可され、アメリカやカナダの大豆、ナタネ、トウモロコシが私たちの食卓に登り始めた。特に大豆は米と並んで日常的に食べている物だから、不安は大きい。一九九七年に立ち上げられた「遺伝子組み換え食品いらない!キャンペーン」は、「食べないために表示を!食べるために自給を!」を旗印に、遺伝子組み換え食品に反対してきた。その活動の一つとして「大豆畑トラスト運動」を立ち上げ、市民による大豆自給運動を進めている。

運動が始まって八年、課題は多いものの運動は定着した。大豆畑トラスト運動の農業の再生、農的暮らしの再生に果たす役割は大きい。

運動がどう進められてきて、どんな結実があったかを生産者・消費者の取り組みを通して検証する。

一　市民による大豆自給運動

遺伝子組み換え大豆がはいってきた

一九六〇年には二八％あった大豆の自給率は、六一年の自由化以降急激に減少し、九三年には二％にまで落ち込んでしまった。大豆栽培が敬遠される背景を千葉県の東総農民センターの寺本幸一さんは次のように話す。

「大豆作りが増えないのは、収量が少なくお金にならないからだ。一反歩で米なら八俵位とれるが、大豆は二、三俵しかとれず、四〜五万円にしかならない。千葉は野菜作りが盛んだが、畑一枚で何十万円もの収入がある。輸入の大豆がたくさん入って来ているのを何とかしないと、生産者は価格で苦労する。大豆がいっぱいできても売るところがない」

大豆を作りたい農家はいるけれど、せっかく作った物が食べてもらえず、粗末に扱われることが農家のやる気を削ぐのだと言う。

九六年に遺伝子組み換え大豆が入ってきた時、大豆の自給率はたった三％。国産の安全な大豆の生産を高めようと言う声は当然のように上がった。

大豆畑トラスト運動で収穫された大豆の
料理を食べながら行われる全国交流会

大豆の自給運動を

「農家に作れ作れといってもだめだ、消費者も農家に張り付いて安全な大豆をもっと作ろう」と積極的に声を上げたのは、山形県新庄市の農家と消費者の提携グループ「ネットワーク農縁」の東京会員らだった。農家が大豆栽培を続けていくために「トラスト」をやろう、という提案だった。「消費者が出資し、できた大豆を配当として受け取り、しっかり食べる」がトラストのシステムだ。

トラスト運動はイギリスのピーターラビットの郷のナショナル・トラストが有名で、市民がお金を出して農地や森を買い取り、基金を設立して、無秩序な破壊から自然を守る運動で、日本でも鎌倉や北海道の自然や史跡を守るトラストがある。

大豆の生産を高めるためのトラストは少し違っている。大豆は連作ができず何年も同じ畑で生産されないため、畑を永久にトラストすることはできない。だから農家に大豆生産を委託し農家を信頼するという意味が込められている。

大豆畑トラスト運動の仕組み

「ネットワーク農縁」の農家からは、一反（約一〇アール）あたり一二万円／年あればやっていけるという提案があり、一〇アールの畑で一口四〇〇〇円、三〇口と言う標準的なモデルができた。二〇〇キログラムとれれば一口六キログラムを消費者に渡せる。有機栽培の大豆が一キログラム一〇〇〇円程度しているから、消費者価格としても悪くはない。配送費をどうするか、連絡費はどうするかなど、細かいところはそれぞれの生産地にまかせる。

運動としての基本的な取り決めは二点だけ、一つは大豆栽培は原則として有機栽培または無農薬栽培とする。やむを得ず農薬を使う場合は消費者に知らせる。二つめは消費者は天候不順や病害虫により収穫皆無ということも承知して出資する。

消費者はリスクも背負う、しかし素性確かな大豆が手に入るというメリットがある。リスクを少しでも抑えるために、畑に行こう、種まきに行こう、草取りに行こうとなり、その結果農業のリスクも楽しさも共有できる仕組みだ。

大豆畑トラスト運動が始まった

生産者がどんな思いでこの運動に飛び込んだかは、広島農民連の木戸菊雄さんが一九九九年二月に新庄市で開かれた第一回大豆畑トラスト運動全国交流集会によせた次の文に象徴される。

「米の産直を通して長く付き合っている消費者と『農作業のあとのビールには枝豆だ！』と話が盛り上がって始まった大豆畑トラスト運動。運動の方向性も意義も定かではなかったが、田植え後に『とにかくやるぞ』と発作的に決定。あわてて三〇年以上本格的な耕作をしていなかった畑を耕し、大豆畑を準備した。六月雨の中で種をまく。炎天下の草取り、九月末、稲刈りのときに枝豆パーティ。古鍋にもぎたての枝豆をほうりこみ、たき火でゆでて、うまいビールと共にたらふくほうばった。無肥料だったけれど、マルチをかけていたので、埋没させた草がうまく堆肥化したのだろう。収穫は一〇アールあたり二三〇キログラム。初めて作ったにしては上々のできだ。二月には会員といっしょに味噌を仕込む。各自で麹を持ちよって作る味噌はどんな味になるだろう。手探りの半年だった。手作業で収穫し、一つ一つ選別する手間をどう解決するか、会員とのコミュニケーションなど、課題は多いが、これを乗り越えれば面白い運動だ。始まったばかりだけれど、わくわくしています」

新庄大豆畑トラストの畑

消費者も大豆作りに参加することがこの運動の特長だ。どんな取り組みが行われたか、新庄大豆畑トラストの例を見てみよう。都市会員がリードして次のようなスケジュールを組んでいる。

三月　「ネットワーク農縁」集会で大豆畑トラストを始めることを決定、さしあたり三〇アール
五月　募集開始
六月六日　大豆種まきツアー
七月二五日　草取りツアー
八月　枝豆の産直開始
九月　通信発送
一〇月下旬　収穫ツアー（五〇人参加予定）
一一月　味噌発送、味噌仕込み教室開催
一二月　納豆、豆腐作り教室開催
一月　通信発送
二月　味噌仕込みツアー

三月　通信発送

っている。

このスケジュールの合間に地域のイベントに参加したり、全国大豆料理コンクールなども行

一九九八年は予想以上に消費者の申込みが多く、結局、栽培面積は一ヘクタール、消費者は二五〇人、三〇〇〇口になった。援農ツアーに参加する消費者も多く、生産者も草取りや収穫作業の手ほどきだけでなく、宿泊の世話までと大変な一年だった。でもめげずに運動を続けてこられたのは、遠くまで足を運んでくれる消費者がいたからだと生産者は話す。

四年目の二〇〇一年は、会員は二八〇人、四〇〇〇口に増えた。トラスト大豆の畑は七〇アール、それ以外に醤油、納豆、味噌など加工用大豆畑が二三〇アールに広がった。

「六月に畦道の草刈り、畑の整地、鶏糞、蠣殻粉末散布をして、種まきを消費者と共に行った。『今年も草に悩まされそうなので、中耕の回数を増やそう！』と確認し実行。七月二〇～二一日、会員一八名参加の草取りツアーでは、昨年も参加された会員から『あれ！草は？』と驚かれる場面も。と言っても炎天下の二日間決して楽な作業ではありません。夜は山に登り、星空を観測したり、蛍の生息地で光りの乱舞を観察。とても楽しかったという感想と共に、『なぜ遺伝子組み換え種子を扱っては行けないのか、環境問題や農業問題を生産者といっしょに語り合う時間をもっとほしかった』という感想もありました。秋の長雨にたたられ、収量が心配でした

が、一口当たり大豆四・八キログラムを会員に届けることができました」

二〇〇一年の取り組みがこう報告されている。

二　大豆畑トラストの広がり

大豆畑トラスト運動に大きな反響

運動を始めるに当たって大豆作りができる農家を用意しなければならない。新庄市の「ネットワーク農縁」の生産者以外に、遺伝子組換食品いらない！キャンペーンのつながりの深い農民運動全国連合会（農民連）や全日本農民組合（全日農）に推薦してもらい、また有機農業研究会のメンバーにも声をかけ八カ所の生産地を決めた。

遺伝子組み換え大豆に反対して、消費者自ら大豆の自給運動をトラストという形で進めることがユニークな運動と捉えられて、たくさんのマスコミがとりあげた。その結果、事務局の電話がなりっぱなしとなるほど大きな反響があった。用意した生産地では間に合わず、農民連が生産地を増やし、新庄は畑を広げ消費者を受け入れた。九九年二月には一年目の成果を報告し、今後の発展を期して、新庄市で第一回大豆畑トラスト全国交流会が開かれた。雪の新庄に全国から二五〇〇人もの人々が押しかけ、この運動に対する熱い思いを語り合う画期的な集会が開かれた。

爆発的に生産地が増えるが

一年目の成果を受けて二年目の一九九九年は五一カ所に一挙に増え、爆発的な伸びを示した。二〇〇〇年は更に増え生産地は全国二二都道府県五五カ所にまで広がった。この運動に農業の再生をかける農家の期待がいかに大きかったかを物語っている。

ブームは一過性のものなのか、四年目の二〇〇一年からは生産地は縮小。二〇〇一年四七、二〇〇二年四五、二〇〇三年四〇、二〇〇四年三九カ所となっている。

生産地で見ると農民連の生産地が減っている。九九年は二六カ所、二〇〇〇年は青森から沖縄まで四七カ所の生産地がリストに登録された。全国的組織の農民連が運動として積極的に取り組むことを決めたことが大きく影響している。しかし、リストに登録したものの大豆の種まきまで畑の確保ができない、労働配分がうまくいかず作付けできなかったという生産地が八カ所もあった。二〇〇一年にリストに登録されたのは二五カ所。秋田、静岡、愛知などは一県に二、三カ所あった生産地は一カ所に絞られた。現在は全生産地三九カ所の内農民連の生産地は二一カ所となっている。

東京大学で大豆畑トラスト運動を卒論のテーマにした原知恵さんは、「農民連の力は大きい。もっと簡単に取り組める方法を探さないとこの運動は伸びない」と話す。マスコミに華やかに取り上げられ、『現代用語の基礎知識』に大豆畑トラスト運動が登録され、市民の間の認知度は高くなっているにもかかわらず、運動の発展の指標となる数字が落ちているのは問題であり、生産地を広げる取り組みは常に課題だ。

三　運動の発展のために

課題は消費者の参加

毎年生産地から大豆栽培や消費者との交流についての報告があるが、その中で問題もいくつか挙げられている。「消費者が口コミで増える程度なので、生産者は本格的に取り組めない」「丹精した大豆も会員不足で、あまった大豆は一般の大豆と同じに販売することになる」「ただ作れ作れと言われても売るところがない」など一番大きな問題は消費者の参加が少ないことだ。

運動の初期には大きな反響を得た。二年目からは事務局に問い合わせてきた消費者には生産地リストを渡し、自分で生産地を選び直接登録する方式を取っている。キャンペーン事務局に生産地リストを請求した消費者の数は、九九年は七〇五、二〇〇〇年は二〇四、二〇〇一年は一一五、その後は五〇以下に減っている。生産者に自ら消費者を集めることが課せられている状況だが、事務局機能が有効に働いている生産地、前から消費者と米の産直等でつながっていた生産地はともかく、地方の一生産者では消費者集めは困難なことだろう。思いが一杯あって参加した有機農業の小さな生産者が持続不可能に陥っているのは、消費者を見つける手立てがないことが大きい。

消費者を集める生産地の取り組み

茨城県南農民組合では地方のミニコミ紙や一般紙の地方版に取り上げてもらうことにより地域の消費者がふえている。また同じように福岡の「みのう農民組合」のように会員に新聞記者がおり、地方版に度々載ったところも会員は増えている。ＴＶで取り上げられた福島県の「浜通り農業を守る会」や「農民連新潟県央センター」なども増えている。センターとしてのキャンペーン事務局では、時折マスコミの取材を受け、運動の紹介をお願いしている。また、年一回開く全国集会では消費者との交流、生産者同士の交流の機会を設け、それぞれの取り組みを紹介している。

第一回の新庄市での全国交流集会では、農民作家の山下惣一さんが「日本の生産者にとって圧倒的に有利なことはすぐ側に消費者がいることだ」と話された。遠い都会にばかり目を向けず、地域の人々をまきこんだ「地場生産、地場消費を」がトラスト運動の課題でもあった。地域でのさまざまなイベントや、農産物直売所での出品などで消費者の関心を買うことが生産者に求められている。

不安定な大豆生産

運動を続けるのが困難な理由に、大豆の生産が安定しないことがあげられる。二〇〇一年までは地域により差があるものの、だいたい順調な収穫量を得ていた。しかし、二〇〇二年秋、新庄の大豆畑が全滅したという情報は運動の行く末に暗い影を投げかけた。収穫時の長雨と降雪のため、刈り取り不能の日が一カ月半も続き、一二月初旬にやっと刈りとったが、豆は雪の下で腐って収穫は一割だけ。会員には収穫が壊滅状態であったことを知らせた。「トラストだから大豆をもらえなくてもしようがない」という意見が多かったが、何度も話し合った末、とれた分だけ、一口〇・六キログラムを届けた。会員は三分の二に減ってしまった。

さらに二〇〇三年は冷夏の影響で東北、関東があまり良くなく、二〇〇四年は猛暑と度重なる台風上陸で大部分の生産地の収量が減った。日本全体の大豆生産が落ち、せっかく五％強まで回復してきた自給率も下がってしまった。いずれも生産者の技術を越えた自然災害で、また被害を受ける地域は広がり、程度も大きくなっている。思いだけでは運動は続けられない現状をつきつけられた。

二〇〇三年一月の全国交流会には、全農営農総合対策部の技術主管の馬場宏治さんを講師に「安定した大豆栽培の技術と経営」を学んだ。生産地でも自然災害に強いと言われている在来種への切り替えなどで対応しているが、今までの培った農家の経験では対応できない異常気象にどう対応するか消費者ともども考えなければならない。

不作が続けば、最初の約束事「消費者は収穫皆無も覚悟して出資する」がゆらいでしまう。新庄では二年続けて不作が続いたため、二〇〇四年は、大豆でわたす人を除いて、一口につき味噌は三キログラム、醤油は一升ビン二本で契約することも可能にした。味噌や醤油はその年とれた大豆の配分量に換算して消費者に渡すため、味噌は一年前、醤油は二年前に仕込むから、大豆が不作だと余ってしまい処分に困るという事態が発生した。引き続く自然災害が、消費者にとってみれば、種まきや草取りに参加したり、秋にはどれだけ大豆や味噌がもらえるのかという楽しみが持てない、契約というシステムをとらざるを得ない状況をもたらした。

四　加工品への挑戦

味噌づくり

消費者の参加をもっと増やすためには、大豆を食べやすい形に加工することが必要だ。家庭で味噌を仕込むから大豆が欲しいと参加した消費者もいる。けれども味噌汁は毎日飲むけれど味噌までは家で作らないという消費者がほとんどだ。遺伝子組み換え大豆を食べたくないとトラストに参加したのだから、農家が味噌に加工してくれたらありがたい。生産地では消費者の希望を受けて採れた大豆で味噌仕込みを行った。消費者といっしょに仕込み、一年近く寝かせれば香り豊かな手前味噌が出来上がる。

「大豆を蒸し、餅つき機でつぶした大豆を少しずつ麹と塩に混ぜ、なじませていきます。数人の手だけで一つの物を作り上げていく作業は味噌職人にでもなった気分ですが、これが粘土遊びのようで楽しい。よく混ぜた後は、大きな団子を作り、空気を抜くため、樽に投げ入れながら詰めていきます。最後に表面が隠れるくらい塩を振りかけ仕込みは終了。最高の材料に加え、愛情もたっぷり入っているので、秋にはおいしい味噌ができるはずです」と、茨城県の「やさと大豆畑トラスト」の味噌作りに参加した田中佳世子さんは味噌作りの楽しさを述べている。大豆を作ることで、農家の庭先での味噌作りも復活している。

千葉県八日市場市の大豆トラスト「みそみそハウスの会」は名前のとおりみそ仕込みハウスを建て、そこで障害者と共にみそ作りをしている。障害者の自立を目指す運動にトラスト大豆が一役買っているのだ。

新庄大豆畑トラストのように大勢の消費者を抱えるところは、地元の味噌屋にトラスト大豆を持ち込んで作ってもらっている。麹も「ネットワーク農縁」の生産者の作った有機米で作ったもの、塩は天日塩を材料にして特別に作ってもらっている。

醤油作りに挑戦

醤油は味噌のように簡単に農家の庭先ではできない。醸造業者に委託しなければできない。新庄では東京から農業をしようと移住した佐藤あい子さんが中心になって醤油作りに挑戦。「消費者にしてみれば大豆を四〜五キログラムもらっても困る。普段食べている醤油や味噌、納豆など加工品が欲しい。納豆は三年前から委託して作ってもらい、トラスト納豆として食べている。食べてみると味が違う、香りも違う。その次の年には味噌と醤油を作った。醤油は二年寝かせるから豆代や仕込み料が先払いとなり、資金負担が生じるなどいろいろ大変だった。トラスト畑とは別の加工用大豆畑で作った大豆を使っているけれども値段は高くなる。でもできた醤油はとにかくおいしい」。

作ってくれる業者を探すのにも一苦労があった。昔、村に何軒もあった醸造業者が廃業してしまい、ようやく山形県内の「マルタ醤油」にお願いして作ってもらった。大豆も小麦も塩も素性確かな物だから自然食屋さんのどの醤油よりおいしいという。トラストの会員以外の人たちにも分けて大豆畑を広げていきたいと佐藤さんは抱負を語っている。

茨城県南農民組合でも醤油は早くから取り組んだ。埼玉県の「きんまる星しょうゆ」が農民組合の生産者の大豆と埼玉県産の小麦と天日塩で作っている。一リットル入り四万本を作り地元の人にも、通年販売して好評だ。そのほか、福岡県の「みのう農民組合」も二〇〇二年、二年掛かりで作った醤油ができあがったという報告がきている。

群馬大豆トラスト研究会は、消費者自身が大豆栽培を行っている組織だが、穫れた大豆を埼玉県のヤマキ醸造に委託して、二〇〇〇年に醤油ができあがった。「大豆畑トラスト四年目にあたる二一世紀開幕の年のこの秋に記念すべき私たちの『作品』が完成し、皆さまにお届けできる運びとなりました。スタッフ一同、何物にも替えがたい喜びを実感しています」と「ママ急しょうゆ」の宣伝ビラにかかれている。苦労して作ったかけがえのない大豆を使って、二年寝かせてようやく醤油ができあがった喜びが伝わってくる。

五　消費者自給運動としての生産地

群馬大豆トラスト研究会

この組織の母体は、遺伝子組み換え食品の反対運動を日本消費者連盟と共に早くから取り組んでいた「群馬食品の安全性を考える会」（代表・北爪安子さん）。会の機関紙「ママ、急いでね！」には「ひとつの食品汚染問題は子供たちの未来を閉ざす扉を開いた　いのちを引継ぐ女たちに今こそ知恵と勇気が問われている!!」の記述がある。地場産の材料を使った安全な食品をつくる小さな業者が大きな企業に潰され、農村にいながら大量生産の食品を食べなければならない。その結果子どもの健康が蝕まれていると憂え、安全な食べ物を学校給食に取り入れる運動を行っている。

この会の仲間が一九九八年にトラスト運動をスタートさせた。はじめは生産者に栽培を委託し、近くの会員が手伝いに行く形で取り組んでいた。

二年目の一九九九年の報告には「集中豪雨に繰り返しあい大豆畑が冠水、大豆の腐敗病が発生。八月から一〇月まで高温が続き、不作となった。大豆作りをやって二度の気温上昇が生態系に予測不能な被害を与える現実を学んだ」とある。会員への配分量を確保するため、生産者が不作分を他の生産者から購入し、生産者に入るお金が少なくなった。「夏野菜を作る時はとても忙しく、トラスト大豆作りに時間をさいてもらうのは申し訳ない」「もともと大豆はやる気があればだれでも作れる」と、二〇〇〇年からは消費者だけで作ることを決意した。種まきから、収穫、脱穀、選別まで行い、豆腐やみそなどに加工して食べている。

農家のアドバイスはあるものの、気象条件に影響されやすい大豆作りには苦労している。二〇〇二年の報告では「開花以降の天候に恵まれず、雨が多く畑が容易に乾かず、豆は汚れた物が多かった。マルチをしたため除草の苦労から逃れたが、マルチ不使用の約束に反してしまった。害虫の被害は、木酢液にニンニク、タカの爪をたくさん入れて発酵した液を五回散布したことにより免れた」とある。せっかく自分達で作るのだからできるだけのことをやってみようという意気込みはすばらしい。

柴合大豆畑トラスト（ゆうだ大豆畑トラスト）

同じように消費者だけで大豆栽培を行っているのが柴合大豆畑トラストだ。

二〇〇二年に神戸市の吉岡啓一さん道子さん夫妻が立ち上げた。定年後神戸市郊外の休耕田を借りて野菜を作っていた。遺伝子組み換え大豆が輸入され、数年後は食べる大豆はすべて組み換え大豆になる。こうした現実を多くの人に知らせようと、四〇〇坪の水田を新たに借りて大豆畑トラスト運動に名乗りをあげてきた。「農業に全く素人の私たちが呼びかけてどれほどの人が集まるか不安だったが、二〇人の人が応えてくれた。街を行き交う人はそれぞれバラバラに生きているように見えても、水面下では網の目のようにしっかりつながっていることを実感じた」と吉岡啓一さんは『こころの時代』（財団法人二〇〇一年日本委員会　第一二回懸賞論文集）に書いている。

「今年（二〇〇二年）は特にカメムシが異常発生した。有機栽培で、薬草（アセビ、ドクダミ、ヒガン花等の煎じたもの）を使った自然農法と人手による捕殺で何とか防除できたが六割くらいの収量だ。周囲の田畑のほとんどが農薬使用の中で、ひたすらこまめに虫防除してきたが、それだけに手にする大豆は真珠のごとくまぶしく愛しい。食を仲立ちにして人と生き物が出会っている喜びを仲間と分かち合えるのが幸せです。」と道子さんが語る。

「農業は人間が生きてゆくためのいちばんの基礎となる営みなのに、営々として農業をしてきた人たちが徒労感とともに老いてゆく。座視していていいものか」と、吉岡啓一さん。日本の農業の行く末に危機感を覚え、自ら耕す人々が出現している。

私の大豆の会

もう一カ所山形県の「私の大豆の会」は食健連（国民の食糧と健康を守る運動全国連絡会）の消費者が栽培を行ってる。会員は二六人、上山市の銀河高原の荒れ地を借りて取り組んでいる。品種は在来種の「秘伝」。送られてきたお便りにはいつも子どもたち（保育園の子どもたちも）といっしょに、種まき、草取り、収穫を楽しんでいる写真がついてくる。二〇〇四年の報告には「国産大豆を食べたいと始めて六年。自然のいろいろな変化を受けながらやっている。会員が高齢化して作業にも少し影響がでてきている。若い会員をふやしたい」とあった。自給畑だからこそ子どもから高齢者まで楽しめると、作業方法を工夫している様子が報告されている。

六　生産者にとってのトラスト運動

キャンペーンでは昨年秋あらためて生産者の大豆畑トラスト運動への参加動機をたずねてみた（二〇〇四年一二月アンケート実施。二四生産地回答）。「国産の非組み換え大豆を守りたいから」「消費者との交流ができるから」が一番に並び、「在来の地元大豆を守りたいから」「大豆の自給率を上げたいから」「地産地消を実践できるから」が続く。「環境を守りたいから」「休耕地を守りたいから」という動機もあった。

冒頭に登場した千葉県八日市場市の東総農民センターの寺本幸一さんは、県営農地開発事業で山を削って造成した農地が耕作放棄され荒れていくのに胸を痛め、仲間と「飯塚大豆小麦生産組合」として借り受け、麦と大豆を作っている。ハウスでの野菜作りを止めてこつこつと荒れ地を耕し、その一部を大豆トラスト畑として一九九八年当初から運動に加わった。「大豆作りは毎年草との戦いだ。大豆も夏には草に負けてしまう。でも、野菜を作っていた時は、ただ農協に出荷するだけで消費者とのつながりがなかった。大豆畑トラストをやるようになって、いろいろな人たちとつながりができ励まされるのが収穫です」と語っている。畑に来ることができない人にと、毎年大豆の種を送り、寺本さんの大豆畑が都会のベランダに広がっている。

熊本県水俣市串木野の「大豆耕作団」は、日本の棚田一〇〇選に選ばれた棚田を保全するために大豆畑トラストに参加した。減反政策で荒れ果てた棚田を整備して大豆を栽培している消費者の姿に刺激されて、農家も棚田で大豆作付けを開始した。生産者の吉井和久さんは「棚田が生き残るには、安心・安全な農産物を作るしかない。耕作団に参加してもらい、顔の見える関係をつくりたい」と話す。事務局の沢畑亨さんは、「トラストは市民参加型の環境保全対策だ」と語り、棚田鑑賞会や棚田コンサートを企画し、消費者を募っている。

福岡県「みのう農民組合」の生産者佐々木督文さんは、消費者との交流を大事にと、大豆に加えて落花生、綿も植えて秋の収穫祭を楽しみにしている。収穫祭には、大豆を収穫し、採った大豆でその日に味噌を仕込む。出来上がった物をおみやげに持って帰り、家で熟成させる。遠くは長崎、佐賀からの会員もやって来る。味噌作りの後は、新米と地元のワインを飲みながらの交流会。「まさに『スローフードな食卓』が毎回演出される。地ビールじゃない、自ビールも、ワインも作ったりと、大豆畑トラストは発展の一途あるのみ」と意気込んでいる。

トラスト運動に参加して良かったことを、生産者にたずねると、消費者との交流ができて励みになったということを一番にあげる。「消費者の反応が直に伝わり、生産に張り合いがある」「顔の見える信頼関係ができる」「農業を理解してもらえる」「安全な農作物を求めている人がこんなにいることがわかった」また、「生産した物を全部消費者に届けられる」「他の農作物とセットで販売することができ、販路が広がった」など経済的にもメリットがあることも上げられている。「消費者が遺伝子組み換え大豆に反対し、国産大豆にこだわりを持っていることに感動した」「自給率を高めたいと願っている消費者がこんなにいることを力強く感じた」などの意見もあり、消費者との関わりが生産者の大豆作りの意欲を高めていることがわかる。

京都大学の久野秀二さんが一九九九年に日本農業経済学会大会で報告した「国産大豆の需給動向と生消提携の新展開—大豆畑トラスト運動を事例に—」で、生産者へ「トラスト運動の意義について」アンケートをとっている。やはり生産者にとっていちばんの意義は「消費者との交流」をあげている。次に、「自給率向上」、「遺伝子組み換え作物の一定の歯止めになる」、「生産者の自主性・自立性を高める」が続く。残念ながら「収入にとってもプラスになる」は意義として低い。久野さんは「有機低農薬栽培や消費者との交流にともなう手間や事務経費は少なからず負担となっている。だが、経営上の成功は度外視できないにせよ、運動の意義はむしろ全国の生産者や消費者、加工流通業者に対するアピール効果を発揮することによって、究極的には国産大豆の生産と消費を振興し、自給率を高め、食料主権の確立をめざす点にある」と大豆畑トラスト運動を評価している。

七　消費者にとってのトラスト運動

援農よりも交流を

茨城県南農民組合は五〇ヘクタールに及ぶ広い畑で大豆を栽培。機械作業だから消費者の援農はあまりいらないから、交流に重点を置いている。会員との交流は年四回。七月に「芽が伸びたよ・大豆畑見学会」。八月は草取り交流会、九月は枝豆取り・ビアパーティ。一一月、味噌、豆腐作り交流会。

なかでも枝豆取りは好評だ。一メートルの紐（五〇〇円）で縛れるだけ採って良いとあって、会員は抱えきれないほど採って、取りたての枝豆のおいしさを満喫する。大豆畑トラストをやってわかったことだが、枝豆と大豆が同じ物だとは知らなかったという消費者がいたことだ。それほど畑と食卓が遠かった。枝豆も新潟の茶豆や山形のだだ茶豆がもてはやされているが、タチナガハだろうがフクユタカだろうが、品種に関係なく畑でとったものをすぐ茹でて食べるのに勝るものはない。畑に来た者の特権だ。持って帰った大豆は茹でて豆だけを冷凍する。大豆を仲立ちに食と農が結ばれる。

農作業は楽しみ

農家に大豆栽培をまかせたものの、オーナーとして大豆畑を訪れ、農作業に参加することができるのもこの運動の楽しみの一つだ。とくに収穫の喜びを共に味わえるのはこの運動ならではだ。

「一二月二日、千葉県八日市場市の大豆畑トラスト『みそみそハウス』の斉藤さんの畑で収穫作業が行われた。子どもを含め三〇数名の老若男女が参加して汗を流した。今年は暑い夏と秋の大雨で収穫が心配されたが、実りはよかった。作業は大豆を引き抜き一束にして、数十把を積み重ねて『のう』にして雨除けシートをかぶせる。このまま一ヶ月ほど冬の風にさらして乾燥させるのだ。この大豆畑は村の中央にあり、村の人たちの注目を集めている。トラストが始まった頃は『またおかしなことをはじめたな』と冷ややかな目で見られていたが、今年の夏、畑で作業をしていた会員に『へぼきゅうりだけどくわねえか』と差し入れをしてくれるまでになったという。

一二時過ぎに作業が終わり、会のもう一つの目的『宴農』が始まった。有機農家の斉藤さん自前の材料で餅がつかれ、地鶏のスープや、非ＧＭＯビールなど並び、にぎやかな宴が始まった。農作業に汗を流し、おいしい空気と農的空間がどんなにすばらしいものか、一度味わったら忘れられない喜びとなる」

参加した全日農の御地合二郎さんは感想を述べている。

町の豆腐屋さんを巻き込んだ

自分達も参加して作ったかけがえのない貴重なトラスト大豆を使って豆腐を作ってもらおうと近くの豆腐屋さんに働きかけて各地でトラスト豆腐が実現している。

東京新宿区の消費者グループは、茨城県南農民組合のトラスト大豆を新宿の都庁裏の尾藤豆腐店で豆腐にしてもらっている。「国産大豆を使って旨く作るにはこつがいるが、できた豆腐は甘くておいしい」と店主の尾藤さんも作りがいがあると言う。毎月第三土曜日に特別に作って売り出しているが、豆腐本来の優しい豆の味がすると一般の消費者にも評判で、もっと作る回数を増やして欲しいとの声が上がっている。

福岡の「みのう農民組合」の消費者もトラスト大豆を使った豆腐を実現させた。味噌を仕込んでいるが、大豆はまだ余る。消費者の一人が近くの豆腐屋さんに大豆を持って豆腐作りを依頼したところ引き受けてくれることになり、月一回豆腐を作ってもらっている。豆腐を配るのも消費者の仕事。出来立ての熱い豆腐を手分けして配っている。この豆腐が評判でもう一軒の豆腐屋さんが作り出し、月二回の豆腐デーが始まった。「自分達で作った大豆でできたてのおいしい豆腐が食べられるのだからこんな嬉しいことはない」と消費者は感想を述べている。

「新潟栄町大豆トラスト」は会員五四名の小さなグループだ。大豆をおいしく食べようと、町の豆腐屋さんに大豆三〇〇キログラムを持ち込み豆腐を作ってもらった。豆腐屋さんはトラスト大豆を通常の大豆の倍の値段で買ってくれている。「わたしの豆腐」と命名し、一回に八〇丁くらい作ってもらい、みんなで届けあって食べている。一回に二〇丁も引き受ける消費者もいて、順調に続けている。

現在、ほとんどの豆腐さんは輸入大豆で豆腐を作っていて、国産大豆で豆腐を作ったことがないという豆腐屋さんがほとんどだ。消費者がもちこんだ大豆を使って豆腐を作ることには慎重にならざるを得ないが、消費者の粘り強い交渉でトラスト豆腐を実現させている。「せっかく作ったおいしい大豆があるのだから、やっぱり豆腐にして食べよう」から始まる消費者のエネルギーは素晴らしい。

七　食料主権確立に向けたトラスト運動

広がる大豆畑、自給率は上がった

運動の目的は「遺伝子組み換え大豆を食べたくない、国産の安全な大豆をもっと作ろう」にあった。その目的を実現するためにトラストという手法を使って、大豆の生産と消費を結び付けた。収穫皆無も承知して出資するという消費者の意気込みが熱いメッセージとなって生産者を大豆生産にいざない、今、確実に大豆畑は広がっている。

多くの生産地ではトラスト会員のための畑以外に大豆畑を広げている。茨城県南農民組合では、一五ヘクタールもの大面積で大豆を作り、味噌、醤油はもちろん大豆菓子も作って需要を広げている。通年販売しているため、近隣に住む消費者が必要な時に買いに来る。大豆は加工することで保存が可能だ。むしろ付加価値がつき、消費者に歓迎される。加工しなければ食べられないと言う大豆の欠点がむしろメリットとなって大豆畑は広がっている。

京都市の「農民連美山大豆等生産組合」でも、トラスト以外の四ヘクタールの大豆畑も同じように有機質肥料だけで栽培しているから、不作の場合でも会員には例年と同じ量の大豆を送っている。

「兵庫県農民連」は、県内各地で生産された大豆を、消費者の注文を受け、発送を行っている。

「この取り組みが果たして『大豆畑トラスト』と呼べるか、はなはだ疑問だが、国産大豆製品を求める要望は多く、生産者も励まされている」との報告がある。

この間、大豆の自給率は五％に回復した。米の転作としての大豆栽培が増えたことが自給率を上げたことは事実だが、生産と消費を結び付けたトラスト運動がはずみをつけたことは否定できない。

国産大豆を守ろう

しかし、安全な国産大豆を脅かすような状況も出てきた。モンサント社の遺伝子組み換え大豆が一般の農地で栽培される事件が起こった。二〇〇一年は九カ所、二〇〇二年は六カ所、二〇〇三年は三カ所で栽培された。遺伝子組み換え大豆の問題は食べる側から作る側の問題にもなった。輸入の遺伝子組み換え大豆が大量に食卓に上っている今、国産大豆は安心という神話が崩れたら、せっかく私たちが取り戻した選ぶ権利を失ってしまう。

二〇〇三年、茨城県谷和原村で遺伝子組み換え大豆が栽培され、花粉の飛散による汚染を恐れた近隣農家がその大豆を鋤き込む事件が起きた。茨城には大豆畑トラストの生産地が七カ所ある。「国産大豆を遺伝子汚染から守ろう」をテーマに、二〇〇四年一月第六回大豆畑トラスト運動全国交流集会を、茨城県藤代町で開催した。全国から一八〇名の参加者を得て、遺伝子組み換え大豆はいらない、作らないをアピールした。

大豆畑トラスト運動が始まった時も現在も日本の農業に明るい展望はない。効率だけを求めて、遺伝子組み換え大豆を栽培しようとする生産者も今後出てくる危険性はある。しかし、自立した生産者と消費者の提携による大豆畑トラスト運動に遺伝子組み換え大豆が入り込む余地はない。

食料主権の確立に向けて

「日本食の基本の味噌や醤油、豆腐の原料大豆を、もしかしたら私たちが一生行くことがない国の人々が作っている。その人たちは私たちのために大豆を作ることで幸せなのだろうか」と、今年二月に開かれた第七回大豆畑トラスト運動全国交流集会で、スローフードを提唱する島村菜津さんが語った。地域の小さな農の営みによって育まれている食の多様性を守ることが、スローフード運動の原点だ。だから私たちの食が、遺伝子組み換えのように、どこの誰がどう作ったかわからない素材からできている、これは異常事態だと。

異常事態を脱しようと、さまざまな試みが行われている。

岐阜県の「流域自給をつくる大豆畑トラスト」は、「木曽川の流域に沿って生産者と消費者がいて、この流域で自給ができないかと模索している。基本的に消費者は客ではなく、畑にきて共に働く。食べ物の作り手と受け手の関係を見直し、人と自然との関係を見直すことができれば、もっと暮らしやすくなる」と食べ物の作り手の一人、宮沢杉郎さんは言う。

都会でも運動は展開されている。「大豆レボリューション」は、都市に暮らしている若者がしかけた取り組みだ。代表の渡邊尚さんは「都市に住む若者が農にかかわる場所をつくろう、その一環として千葉の畑を借りて大豆作りをやっている。農レジャーと呼んで、街でかいている汗を畑でかこうよと取り組んでいる」という。義務ではなく、楽しみとして農にかかわる若者も出現してきている。人々の農的暮らしへの思いが高まっている。

このように食と農が結びつくことが、日本農業の再生をうながし、食料主権を確立するひとつの道だろう。大豆畑トラスト運動は、さまざまに展開している自給運動とゆるやかなネットワークを組みながら、食料主権確立への役割をはたしている。

4　水田トラスト運動

阿部文子

「さわのはな」が生まれた頃

私の名刺には「さわのはな」ルネッサンスという文字を入れています。地域に適した「種」を守っていくことが、グローバル化に対抗する道だと思っているからです。「さわのはな」に栄光あれ（新庄水田トラスト栽培農家・佐藤恵一）。

山形が生んだおいしいお米「亀の尾」の系譜をひく伝説のコメ「さわのはな」は、一九六〇年三月に誕生した。耐冷性と耐病性が特徴で、冷害にも負けずに豊かに稔り、他の追随を許さない。また穂イモチ病や根腐れにも強く、条件の悪い環境でも他の品種にくらべて安定した生長を見せる。

まだ、農村が輝いていた一九四九年に品種改良が着手され、元農水省東北農業試験場をはじめとする多くの人びとが、寒さや病気に強く、収量の安定したおいしいコメを、寝ても醒めても、一一年間求めつづけた力作だ。一九六〇年には輝かしい山形県の奨励品種にも指定され、いとしい、まぶしい、このコメに、彼らは心をこめて「さわのはな」と命名し、前途を祝した。「耕す者に土地を！」——当時の農業は、画期的な農地改革によってうまれた自作農体制を基礎に、コメ・麦に小規模畜産を組み合わせた有畜複合経営による総合的な食料の増産を目指していた。しかし、その理念を実現すべく生み出された「さわのはな」の栄光は、誕生した時に、すでにかげりがさしていた。

「ネットワーク農縁」の誕生

一九九五年三月、雪の残る新庄で「ネットワーク農縁」が結成された。ますますいびつになっていく都市生活と、農村の疲弊を、共に超えていこうとする都市エコロジストと農民のアソシエーション（協働）である。

日本の農家は、時代に翻弄されつづけてきた。一九四九年の中華人民共和国の誕生は、自立しはじめたばかりの日本の有畜複合農業を根底から変えた。五〇年の朝鮮戦争を経て、工業立国への転換と表裏をなす農業基本法（一九六一年）で、農業の近代化・工業製品輸出とバーターの農産物輸入がはじまる。農民たちは一九七〇〜八〇年代の農閑期を出稼ぎとして工業立国を支え、いくたの家庭崩壊の悲劇を経験しつつ農家は衰退していった。

水田トラスト運動が行われている山形県新庄の水田にて

都市に若者をとられる一方、化学肥料・化学農薬の大量使用で里・川・海の生態系はダメージを受けた。水田から生き物の輝きが消えた。

「地域は個人個人の金取り話だけが目立っていった。〝お祭りがつまんなくなったのよ。それが嫌でさあ〟二八歳の高橋さんは……自分も含めた地区の〝放蕩息子〟を集め『豊稲会』を旗揚げした。〝ディスコ通いの毎日だった〟という集まりも……仲間意識が強まり、稲作研究会へと発展。研究会は出稼ぎ先の東京・北区にも持ち込まれた。そこから市民活動の人たちへと縁が広がった」（『風の肖像』河北新報社編集局編一二六頁）。

「結」が盛んな独自文化、祭りの輝きを取り戻したい、そんな感覚から出発したネットワーク農縁の百姓たちは、当時三〇代〜四〇代の元気な農家一四人である。

「〝これをみてみろ〟持ち込んだ無農薬栽培のコメ〝さわのはな〟のご飯を指した。〝クロっぽい点が見えるべ。これはカメムシがコメの汁を吸った跡なんだけどさあ、ほら、食ってもなんともねえべ〟

八王子の子育てサークルの子連れの若いお母さんたち八人がうなずく。〝見栄えのためには、農薬を使ってカメムシを駆除する。みんながいつも食べているのはそういうコメだよ……。さわのはなも市場には出ないコメだ。これは化学肥料が苦手で農薬が嫌いだから、つくる農家が少ない。んでも、味は最高。農家とつながっていないとこんなコメは食べれねえぞ〟」（同一二八頁）

「都市耕作隊」――首都圏で行う独自のゲリラ的キャンペーンを彼らはこう呼ぶ。販路拡大よりも、消費者のナマの声につながることで自分たちの農業の方向が見えてくる。一四人はそう確かめあっている。「大豆畑トラストのきっかけになった遺伝子組み換えのことだって、はじめはみんな知らなかったさ。会員から言われて勉強したら、これは大変だって」（同一三〇頁）。

「水田トラスト」とは

二〇〇〇年、これまで五〇年以上つづいてきた耕作主義（注・農地を適正に耕作している人だけに農地の売買、賃貸借を認める農地法の基本理念）の放棄と、遺伝子組み換えイネの登場でコメ作りの現場は揺れ動いた。その激動の中で、従来の産消提携のあり方を越えようと「水田トラスト」が提起された。豊かなブナ原生林が残る雄大な山々に囲まれた新庄盆地に〝さわのはな〟を復活しよう！、と。

お百姓たちは誇り高く宣言した。

「あきたこまち、ひとめぼれ、はえぬき……とは別に農家が自分で食べる分だけ作っているコメがあります。昭和三〇年代から作りつづけているコメで『さわのはな』といいます。普通、コメは梅雨になると食味が落ちますが、この『さわのはな』は梅雨を越しても食味が落ちないという不思議な特性を持っています。……誰に知られることもなく、この新庄の地でひっそりと生き続けています。東北・山形が生んだ文化遺産ともいうべき、この在来種をトラストにかけます。来るべき遺伝子組み換えを撃つために。トラストは、人、農業、生態系のルネッサンス！　まずは新庄から、そして全国へ広げていきましょう」（佐藤恵一）

市民トラスト運動とは、そのシステムの中に参加する人びとの、生態系再生と循環型社会への強い希求と、共に実現することへの信頼を埋め込んでいる運動である。二〇〇〇年二月に生まれた新庄水田トラストは、市民が出資して水田をトラスト（相互信託）する運動で、生態系を修復する無化学肥料・無農薬農業はもちろん、遺伝子組み換え農産物を作らないことを意思表示する。スタートして五年、毎年開催される「収穫をよろこぶ集い」で、会員たちがトラスト運動への誇りを熱く語っているのを聞くと、農業に生きる人びとと共に新しい社会をうみだしつつあるという確かな手ごたえを感じる。

新聞で水田トラストが「遺伝子組み換えコメへ危機感、在来種存続へ消費者と協力」（毎日新聞）と報じられると、すぐに反応があった。「こんな運動が必要だと思っていました。一人では何もできなくて待っていたんです」「新聞で皆さまの運動を知り、心が暖かくなりました。とても楽しみにしています」。次々と寄せられる人びとの発言に、私たちは生態系の再生と共生への願いがいかに強いものであるかを確信した。現代の社会に抗する時代感覚を要求するトラスト運動は、〈安全な食〉を求めるレヴェルからの飛躍を迫る。水田トラスト運動に参加した人びとには、自らの納得する社会を創ろう、社会に対する責任を引き受けようとする積極的な姿勢が現れている。

青年たちの環境団体Ａ・ＳＥＥＤ・ＪＡＰＡＮの若者たちが、毎年田の草取りを続けている。彼らは六月の終わりに貸切バスで四〇～五〇人がやってくる。二日かけて田んぼを這い草取りをし、夜は百姓たちと遅くまで交流する。あるいは、新庄バイオマスセンターの研究者と意見を交換し、新庄農業大学校の生徒たちと語りあう。

二〇〇四年一一月には、ＮＧＯのイベント「ＢＥ　ＧＯＯＤ　ＣＡＦＥ」に「社会的責任投資とおコメ」というテーマで招かれ、新庄のお百姓衆五人は堂々と誠実に主張した。

「ネットワーク農縁も今年で一〇周年を迎えることができました。この間大豆トラスト、水田トラスト、水の検査、バイオマスの試みなど、食の安全、環境問題に取り組み続けてきました。これからも皆さんと共にさらなる進化をしていきたいと思っております」（星川公見）

アソシエーションの波

「アソシエーションとは、諸個人が自由意志にもとづいて共通の目的を実現するために財や力を結合する形で社会を生産する行為を意味し、またそのようにして生産された社会を意味する」（田畑稔『マルクスとアソシエーション革命』）。いま私たちは、水田トラストを、新しい二一世紀型のアソシエーションとして、多国籍企業が強要している遺伝子組み換え作物に抗する運動として、推し進める。多国籍企業の目的は、特許という手段による種の支配、生き物の支配であり、四六億年の地球の生態系の循環、生物の歴史に取り返しのつかない危機を招きつつある。

「名刺の肩書きは『百姓』。何とわかりやすく誇らしいこと。正直言うと確かに見た目の第一印象は地味な米。しかし食べてみれば目からうろこ。わが家は朝食も米が主流となった。今日も子どもたちは朝からおかわり……」（「さわのはなを食べる会」に参加した小金井のK・Uさん）

「さわのはな」とその栽培者たちはファンを広げながら、会員と共に楽しみ・慈しみつつ世界の現実に立ち向かっている。

5　ＧＭＯフリーゾーン運動

天笠啓祐

ＧＭＯフリーゾーン、欧州で広がる

ヨーロッパを中心に、世界的にＧＭＯフリーゾーンが広がっている。遺伝子組み換え（ＧＭ）作物栽培をさせない地域のことである。ＧＭ作物の栽培面積は、二〇〇四年には八一〇〇万ヘクタールに達し、拡大しつづけているが、他方で拒否する地域も広がっている。とくに栽培国・米国と拒否するヨーロッパの間で、激しい対立がつづいている。

モンサント社の種子支配も強まっており、二〇〇四年、市場規模も四四〇億ドル（四兆五〇〇〇億円）に達した。この多国籍企業による種子支配・食料支配に対抗して、農業や文化の多様性を守ろうというのが、このＧＭＯフリーゾーン運動の趣旨である。

二〇〇五年一月二二、二三日、ドイツ・ベルリンでＧＭＯフリーゾーン欧州会議が開かれた。

ベルリンで開かれたGMOフリーゾーン欧州会議

この会議は、ヨーロッパで広がるＧＭＯフリーゾーン運動が初めて一堂に会し、北はスウェーデンから南はトルコまで、西はアイルランドから東はロシアまで、合計三四カ国、二〇〇人が参加して討議を重ねた。

参加者は、環境保護団体と、ＧＭＯフリーゾーンを宣言した自治体の人たちが大半であったが、有機農業者、研究者も参加、ヨーロッパ以外からも日本、インド、ネパール、米国からの参加者があった。

会議は、各国の取り組み状況の報告を中心に進行した。ギリシャのように全自治体がＧＭＯフリーを宣言した国家も出現した。イタリアは全国土の八割に達する自治体がＧＭＯフリーを宣言、オーストリアは九州のうち八州が宣言、英国はGMOフリー自治体の人口が一五〇〇万人を突破した。ヨーロッパでは予想以上の広がりをもった運動である。

滋賀県でキックオフ集会開かれる

ヨーロッパで始まったGMOフリーゾーンが、栽培国の米国やカナダ、オーストラリアでも広がり始めている。そして日本でも始まった。

一月二九日、滋賀県高島市にある圃場で、日本のGMOフリーゾーン・キックオフ集会が開催された。三畳大の看板が立てられ、集会で覆いが取られ、節分が近いこともあって、GM作物を鬼に見立てた寸劇が演じられた。

会場は、農薬空中散布に反対し、針江げんき米と名づけられた、環境に配慮したコメ作りを行ってきた農家の圃場である。この地区の農家八軒が共同でGMOフリーゾーン宣言を行った。げんき米の田圃は二二ヘクタールで、その他にも大豆やナタネ、野菜などをつくっており、農家八軒の圃場は全体で四五ヘクタールである。

大阪と兵庫の生協で構成されている生協連合きらりが、この米づくりを支援してきた。そのきらりが、GMOフリーゾーン運動に取り組み、提携農家に呼びかけたのがきっかけだった。大阪地区ではその他にも、無農薬イチゴと野菜をつくっているヨッシー農園（七〇アール）も、GMOフリーゾーンを宣言して看板を立てた。その後、GMOフリーゾーン宣言農家は増

GMO フリーゾーン・キックオフ集会

えつづけ、五三団体、一二〇カ所、四〇一一・七ヘクタールへと広がっている（二〇〇五年八月一一日現在）。

きらりのメンバーである、エスコープ大阪の川島三夫さんによると「交流を行っている韓国の生協でもＧＭＯフリーゾーン運動に取り組み始め、その生協と提携している農家の間で同じ看板が立てられ始めた」という。

日本ではこれまで、大豆畑トラスト運動や水田トラスト運動といったトラスト運動が広がってきた。これは日本独自の取り組みといってよい。ＧＭ作物反対運動は、ヨーロッパでは環境保護団体が中心になって進めてきた。それに対して日本では消費者団体が進めてきた。その違いが運動の進め方に違いをもたらしてきた。トラスト運動は、市民・消費者が主体的に取り組む、国産農作物を増やす運動である（本書、小野・阿部論文参照）。その大豆畑トラスト運動の発祥の地、山形県新庄市にも、GMOフリーゾーンの大きな看板が立てられた。

このトラスト運動に、GMOフリーゾーン運動が加わり、いまGM作物拒否の地域が全国的に広がりつつあり、韓国へも波及し始めた。

北海道が最初のGMOフリー自治体へ

GMOフリーゾーン運動は、GM作物が栽培されると、遺伝子汚染によって有機農業や従来型農業ができなくなることから始まった。GM作物は他の農業と共存できない、そのことが基本となっている。

GMOフリーゾーン欧州会議では、シンジェンタ・アグロ・ドイツ社のヤフマン経営最高責任者が出席したシンポジウムが開かれた。その中でもっとも熱い議論となったのが、GM農業は他の農業と共存できるか、という点だった。ヤフマン氏が「共存可能」と述べ、農業者などから「共存不可能」という意見が出て、激しいやりとりとなった。

この会議ではまた、ドイツで成立した共存法も議論の対象となった。ドイツでは二〇〇五年春、GM作物の栽培にかかわる共存法を可決成立させた。この法律は、共存法といっても、事実上のGM作物栽培規制法であり、限りなく「禁止」に近い内容である。

GMO フリーゾーン（山形県新庄市にて）

GM作物栽培農家は、すべて情報を公開し、非GM作物との間に距離をとったり、交雑を起こさない作物を栽培するなど、汚染防止の対策を講じなければならない。しかも「汚染者負担の原則」が導入された。遺伝子汚染を起こし損害をもたらした際に、汚染をもたらした農家がその損失を負担する原則で、その農家が特定されない場合は、近隣のGM作物栽培農家が共同で負うことになった。

野党は、この法律は事実上ドイツでGM作物を栽培困難にさせるものだと批判、研究者もこの法律は研究を著しく阻害する、と強く批判した経緯がある。

この汚染者負担の原則に関して、ヨーロッパでは、農家ではなく種子メーカーに負わせるべきだとする意見が根強い。

シンポジウムでも、ヤフマン氏が自動車事故を例に上げ、「事故の責任は運転者にあり自動車メーカーは責任を負わないが、それと同じで、農家が負うべきで種子メーカーは負う必要はない」と述べたことから、激しいやりとりがつづいた。共存は可能か否か、ヨーロッパでは不可能とする流れができつつある。

共存ができないことを前提に、日本でも初めて北海道で本格的なGM作物栽培規制条例が、二〇〇六年一月から施行されることになった。この条例が施行されれば、日本でもGMOフリー自治体が初めて出現することになる。

北海道では、二〇〇二年に北見市でバイオ作物懇話会がGM大豆を栽培したのがきっかけで、栽培規制を求める声が広がった。翌年、独立行政法人・北海道農業研究センターの試験圃場で、農業生物資源研究所が開発したGMイネの試験が行われ、その声はさらに強まった。

その声を受けて、二〇〇三年一二月の道議会予算特別委員会で、GM作物栽培規制を行うための条例を制定することが提案された。条例案づくりは、北海道農政部道産食品安全室が中心になって進められてきた。その条例がいよいよ施行される。しかし条例制定に向けた、ここまでの道程はけっして平坦ではなかった。農水省は何度も北海道に足を運び、国の規制の範囲を逸脱しないように牽制しつづけた。産業界と研究者からは批判の声が繰り返し出され、自民党に働きかけて規制を換骨奪胎する目論見がつづいた。バイオ作物懇話会や長沼町「西南農場」などでGM大豆栽培の動きも活発化し、条例づくりを牽制した。

その結果、当初提案された規制の中身に比べると、試験栽培に関しては大きく後退した内容で決着が図られることになった。それでも商業栽培は原則禁止となり、届け出のない栽培は罰則の対象になるため、すべての栽培・栽培計画について、道が掌握することになる。日本で最初のＧＭＯフリー自治体宣言といって差し支えない内容となった。

この条例が全国に波及しつつある。まず新たにＧＭイネの栽培実験が行われた新潟県や、ＧＭイネ開発の中心地ともいうべきつくば市で、その動きが始まった。ヨーロッパから米国・オーストラリアへと広がったＧＭＯフリーゾーンが、いま農家から、自治体から、日本で拡大し始めた。

あとがき

世界の食料を自由貿易市場の渦に巻き込んだＷＴＯ体制は、一九九五年に始まりました。

食料は自由競争の対象にすべきではないと考える農民・消費者・市民たちは、専門研究者を含めたＷＴＯ体制反対の声をあげてきました。国内だけではなく、アジアをはじめ世界各地にＷＴＯ反対の農民団体・ＮＧＯ市民団体が立ち上がり、互いに連携し合ってきましたが、この本のなかにもいくつかの団体が登場しています。

例えば、ビア・カンペシーナはスペイン語で「農民の道」という世界の農民運動のネットワーク、ＰＡＮ－ＡＰ（農薬行動ネットワーク・アジア太平洋）は一九八一年から国際的に農薬禍に取り組む消費者のネットワークなどです。

この本の出版では、今度の国際コメ年ＮＧＯ行動を日本の実行委員会とともに共催したＰＡＮ－ＡＰにもご協力いただきました。また、国際コメ年ＮＧＯ行動シンポジウムや集会その他一切の事務局を担って頂いた「遺伝子組み換え食品いらない！キャンペーン」の事務局や、アジアからのゲストの皆様、日本の発言者を含む大勢の関係者の皆様に感謝申し上げます。特に、脱ＷＴＯ草の根キャンペーンメンバーで農業ジャーナリストの大野和興さんと、市民バイオテクノロジー情報室代表であり「遺伝子組み換え食品いらない！キャンペーン」代表でもある天笠啓祐さんがこの本の形をつくりあげてくださいました。心から御礼申し上げます。

最後になりましたが、いつも私たちの無理な願いを受けとめていただく緑風出版の高須次郎・ますみ、斉藤あかねの各氏に、感謝申し上げます。

日本消費者連盟事務局長　水原博子

[著者略歴]

阿部文子（あべ・ふみこ）
ネットワーク農縁

天笠啓祐（あまがさ・けいすけ）
市民バイオテクノロジー情報室・遺伝子組み換え食品いらない！キャンペーン

大野和興（おおの・かずおき）
農業ジャーナリスト、脱 WTO 草の根キャンペーン

御地合二郎（おちあい・じろう）
全日本農民組合連合会書記長

小野南海子（おの・なみこ）
遺伝子組み換え食品いらない！キャンペーン

桑原衛（くわばら・まもる）
特定非営利活動法人・小川町風土活用センター代表理事

山下惣一（やました・そういち）
農民作家

山浦康明（やまうら・やすあき）
日本消費者連盟・副代表運営委員

なお翻訳に関しては、市民セクター政策機構翻訳ネットワーク（荒井佐代子、永田まき子、十河温子、大藪寿里、棚町精子、山本千鶴子、松山朋子、藤井美枝、西容子、佐藤直子、石田洋子、西尾輝子、佐藤千鶴子、早川美奈子、水野りる子、山中恭子、岡崎圭子、三上浩子）および田河恵子、原子和恵の各氏にお世話になりました。

[編者略歴]

日本消費者連盟

1969年に創立された消費者団体。「すこやかないのちを未来につないでいく」ことを運動のもっとも大切な理念としている。全国の個人会員で構成されており、運動の理念に賛同する人であれば誰でも会員になれる。会員は、個人、あるいはグループをつくって、各地域に根差した草の根の活動を展開している。会員には月3回、機関誌『消費者リポート』が送られる。個人会員制であるため、団体・企業は会員になれないが、『消費者リポート』の購読は可能である。

〒162-0042　新宿区早稲田町75　日研ビル2F
電話03-5155-4765　FAX03-5155-4767

食料主権《しょくりょうしゅけん》

2005年9月25日　初版第1刷発行　　定価1700円＋税

編　者　日本消費者連盟
発行者　高須次郎
発行所　緑風出版 ©
〒113-0033　東京都文京区本郷2-17-5　ツイン壱岐坂
［電話］03-3812-9420　［FAX］03-3812-7262
［E-mail］info@ryokufu.com
［郵便振替］00100-9-30776
［URL］http://www.ryokufu.com/

装　幀　堀内朝彦
制　作　R 企 画　　印　刷　モリモト印刷・巣鴨美術印刷
製　本　トキワ製本所　　用　紙　大宝紙業　　E1500

Printed in Japan　　ISBN4-8461-0514-8　C0040

◎緑風出版の本

■全国どの書店でもご購入いただけます。
■店頭にない場合は、なるべく書店を通じてご注文ください。
■表示価格には消費税が加算されます。

世界食料戦争
天笠啓祐著
四六判上製 二二〇頁 1800円
米国を中心とする多国籍企業の遺伝子組み換え技術による世界支配の目論見に対し、様々な反撃が始まっている。本書は、米国の陰謀や危険性をあばくと共に、世界規模に拡大した食料をめぐる闘いの最新情報を紹介。

食品汚染読本
天笠啓祐著
四六判並製 二一六頁 1700円
遺伝子組み換え食品から狂牛病まで、消費者の食品に対する不安と不信が拡がっている。しかも取り締まるべき農水省から厚生労働省まで業者よりで、事態を深刻化させるばかり。本書は、不安な食品、危ない食卓の基本問題と解決策を解説！

生命特許は許されるか
天笠啓祐／市民バイオテクノロジー情報室編著
四六判上製 二〇〇頁 1800円
今、多国籍企業の間で特許争奪戦が繰り広げられ、いままでタブーとされてきた生命や遺伝子までもが特許の対象となっている。生命が企業によって私物化されるという異常な状況は許されるのか？ 具体的な事例をあげて解説。

プロブレムQ&A
ハイテク食品は危ない【増補版】
［蝕まれる日本の食卓］
天笠啓祐著
A5変並製 一四二頁 1600円
遺伝子組み換え大豆などの輸入が始まった。またクローン牛、バイオ魚などハイテク技術による食品が食卓に増え続けている。しかし、安全性に問題はないのか。最新情報を増補し内容充実。遺伝子組み換え食品問題入門書。

安全な暮らし方事典
日本消費者連盟編

A五判並製
三五九頁
2600円

ダイオキシン、環境ホルモン、遺伝子組み換え食品、食品添加物、電磁波等、今日ほど身の回りの生活環境が危機に満ちている時代はない。本書は問題点を易しく解説、対処法を提案。日本消費者連盟30周年記念企画。

食不安は解消されるか
藤原邦達著

四六判上製
三一二頁
2200円

食品安全基本法と改正食品衛生法が成立した。食中毒、農薬汚染・ダイオキシン汚染や環境ホルモン、遺伝子組み換え食品等から食の安全を守るのが目的だが、はたして、根深い消費者の食不信、食不安、食不満を解消できるのか？

バイオパイラシー
グローバル化による生命と文化の略奪
バンダナ・シバ著／松本丈二訳

四六判上製
二六四頁
2400円

グローバル化は、世界貿易機関を媒介に「特許獲得」と「遺伝子工学」という新しい武器を使って、発展途上国の生態系を商品化し、生活を破壊している。世界的に著名な環境科学者である著者の反グローバリズムの思想。

ウォーター・ウォーズ
水の私有化、汚染そして利益をめぐって
ヴァンダナ・シヴァ著／神尾賢二訳

四六判上製
二四八頁
2200円

水の私有化や水道の民営化に象徴される水戦争は、人々から水という共有財産を奪い、農業の破壊や貧困の拡大を招き、地域・民族紛争と戦争を誘発し、地球環境を破壊するものだ。水戦争を分析、水問題の解決の方向を提起する。

終りなき狂牛病
フランスからの警鐘
エリック・ローラン著／門脇　仁訳

四六判上製
二四八頁
2200円

英国から欧州大陸へと上陸した狂牛病。仏政府は安全宣言を繰り返すが、狂牛病は拡大する。欧州と殺場での感染、肉骨粉による土壌汚染からの感染、血液感染、母子感染など種の壁を超え、エイズを上回る狂牛病の恐怖を暴いた書。